PIERRE FLOURENS

HISTOIRE DES TRAVAUX ET DES IDÉES DE BUFFON

Elibron Classics
www.elibron.com

Elibron Classics series.

ISBN 1-4212-4700-3 (paperback)
ISBN 1-4212-4699-6 (hardcover)

This Elibron Classics Replica Edition is an unabridged facsimile of the edition published in 1850 by L. Hachette et Cie,
Paris.

HISTOIRE
DES TRAVAUX ET DES IDÉES
DE BUFFON

Imprimerie de Gustave GRATIOT, 11, rue de la Monnaie.

HISTOIRE

DES TRAVAUX ET DES IDÉES

DE BUFFON

PAR

P. FLOURENS

Secrétaire perpétuel de l'Académie des sciences et Membre de l'Académie française (Institut de France); Membre des Sociétés royales de Londres et d'Édimbourg, des Académies royales des sciences de Stockholm, Turin, Munich, etc., etc.; Professeur de physiologie comparée au Muséum d'histoire naturelle de Paris

SECONDE ÉDITION

REVUE ET AUGMENTÉE

PARIS

LIBRAIRIE DE L. HACHETTE ET Cie

RUE PIERRE-SARRAZIN, N° 14

(Quartier de l'École-de-Médecine)

1850

AVERTISSEMENT

DE LA PREMIÈRE ÉDITION.

Je me suis proposé d'écrire l'histoire des idées de Buffon.

L'histoire de l'esprit humain est celle de quelques génies heureux qui ont pensé.

« Cinq ou six hommes, dit un écrivain célèbre, ont pensé et créé des idées, et le reste du monde a travaillé sur ces idées. »

J'ai publié, en 1841, l'*Analyse raisonnée des travaux de G. Cuvier*[1].

[1] La seconde édition de mon *Analyse raisonnée des travaux de G. Cuvier* a paru en 1845, sous le titre d'*Histoire des travaux de G. Cuvier*.

L'histoire des travaux de Buffon touche partout à l'histoire des travaux de Cuvier : ces grands travaux lient deux siècles; Buffon devine, Cuvier démontre ; l'un a le génie des vues, l'autre se donne la force des faits ; les prévisions de l'un deviennent les découvertes de l'autre. Et quelles découvertes ! les âges du monde, marqués ; la succession des êtres, prouvée ; les temps antiques, restitués ; les populations éteintes du globe, rendues à notre imagination étonnée. Les travaux de Buffon et de Cuvier sont, pour l'esprit humain, la date d'une grandeur nouvelle.

J'ai vu ces grands travaux, et j'ai voulu en écrire l'histoire.

HISTOIRE

DES TRAVAUX ET DES IDÉES

DE BUFFON.

CHAPITRE PREMIER.

IDÉES DE BUFFON SUR LA MÉTHODE.

Il y a, dans tout ce qu'a écrit Buffon, un ordre, une suite; une génération visible des idées. On peut démêler partout, dans ces idées, ce qui est de lui et ce qu'il emprunte à d'autres, et particulièrement aux trois hommes qu'il avait le plus étudiés, Aristote, Descartes, Leibnitz; on le suit, pas à pas, dans ces combinaisons profondes d'où il a fait sortir tant de vues nouvelles; il *rend raison* de tout ce qu'il dit [1]; et lui-même nous a tracé l'histoire la plus sûre et la plus savante de ses méditations et de ses pensées.

C'est cette *histoire des pensées* de Buffon,

1. « M. de Buffon rend raison des motifs de préférence qu'il a eus pour tous les mots de ses discours, sans exclure même de cette discussion les moindres particules, les conjonctions les plus ignorées. » (*Nouveaux Mélanges extraits des Manuscrits de*

écrite par lui-même, que je me propose d'étudier ici.

Je commence par l'examen de ses idées sur la *méthode*.

L'*Histoire des animaux*, ou, comme on dit aujourd'hui, la *zoologie*, se compose de l'histoire même de chaque espèce prise à part, et de la *distribution méthodique* de toutes les espèces comparées entre elles.

Or, de ces deux choses, Buffon a merveilleusement compris la première, l'*histoire proprement dite*, et il n'a jamais bien compris la seconde ou la *distribution méthodique*.

Buffon n'a jamais vu, d'une vue nette, ce que c'est que la *méthode* en histoire naturelle. Tantôt il la confond avec la *description* ou l'*histoire* : « La vraie méthode, dit-il, est la description complète et l'histoire exacte de chaque chose en particulier [1]. » Tantôt il l'en sépare pour n'y voir « qu'une convention, une langue arbitraire, un moyen de s'entendre dont il ne peut résulter aucune connaissance réelle [2]. »

madame Necker). Cette raison qu'il rendait, dans la conversation, de tous ses *mots*, il l'a rendue, dans son livre, de toutes ses *pensées*.

1. Tome I, page 24, édition in-4, de l'Imprimerie royale. C'est toujours cette édition, la première et la meilleure de toutes, que je cite dans cet ouvrage.

2. Tome I, page 16.

Ailleurs il se méprend sur le vrai sens du rapprochement des espèces dans la *méthode*, et croit se moquer de Linné : « Ne serait-il pas plus simple, dit-il, plus naturel et plus vrai de dire qu'un âne est un âne, et un chat un chat, que de vouloir, sans savoir pourquoi, qu'un âne soit un cheval, et un chat un loup-cervier[1] ? »

Enfin, il va jusqu'à écrire cette phrase singulière : « Ne vaut-il pas mieux ranger, non seulement dans un traité d'histoire naturelle, mais même dans un tableau ou partout ailleurs, les objets dans l'ordre et dans la position où ils

1. Tome I, page 40. Le *loup-cervier* est une espèce de lynx, et, par conséquent, comme le dit très bien Linné, une espèce de *felis*, de chat. — « Classer l'homme avec le singe, le lion avec le chat, dire que le lion *est un chat à crinière et à queue longue*, c'est dégrader, défigurer la nature, au lieu de la décrire ou de la dénommer » (Tome IX, page 10). Voilà ce que dit Buffon, et voici comment Daubenton lui-même relève cette méprise : « Buffon veut jeter du ridicule sur les naturalistes qui ont mis le chat et le lion sous un même genre. Il fait dire à Linné que le lion est un chat à crinière et à queue longue. Certainement le chat n'est pas un lion, et ce n'est pas ce que Linné a voulu dire. L'auteur qui le critique n'a pas bien entendu la méthode de Linné ; s'il avait seulement parcouru les espèces rapportées sous le genre appelé *felis*, chat, il y aurait trouvé l'espèce du lion et celle du chat... Cette équivoque est venue de la manière de dénommer les genres, en leur donnant le nom de l'une des espèces qu'ils comprennent. » (Daubenton, *Séances des Écoles normales*, tome I, page 293).

se trouvent ordinairement, que de les forcer à se trouver ensemble en vertu d'une supposition? Ne vaut-il pas mieux faire suivre le cheval qui est solipède par le chien qui est fissipède, et qui a coutume de le suivre en effet, que par un zèbre, qui nous est peu connu, et qui n'a peut-être d'autre rapport avec le cheval que d'être solipède[1]? »

Il fallait en vouloir beaucoup à Linné pour trouver mauvais qu'il eût placé le cheval près du zèbre. Assurément, tout n'est pas parfait dans Linné : il n'a pas connu la grande loi de l'*importance relative* des caractères[2]; mais il a vu que tous les caractères devaient être pris dans les objets mêmes[3]. Ceci a été le premier pas, et ce pas a été immense. Pour Buffon, il consent bien que l'on sépare, en se réglant d'après leur nature, les *animaux* des *végétaux*, les *végétaux* des *minéraux;* il consent que l'on sépare les *quadrupèdes* des *oiseaux*, les *oiseaux* des *poissons;* mais, cela fait, il repousse toutes les

1. Tome I, page 36.

2. Voyez, sur la grande loi de l'importance relative des caractères et sur tout ce qui tient à la méthode, mon *Histoire des travaux de Georges Cuvier*. Seconde édition. Paris, 1845.

3. Avant lui, on classait les animaux d'après des circonstances extérieures, par exemple, d'après les lieux qu'ils habitent : mettant ainsi les cétacés parmi les poissons, les chauve-souris parmi les oiseaux, etc.

autres divisions fondées sur la nature des choses. Il ne veut plus juger des objets que par les rapports d'*utilité* ou de *familiarité* qu'ils ont avec nous ; et sa grande raison pour cela, c'est « qu'il nous est plus facile, plus agréable et plus utile de considérer les choses par rapport à nous, que sous aucun autre point de vue [1]. »

Il est curieux de l'entendre exposer lui-même ce qu'il appelle sa *méthode*. Il imagine un homme qui, ayant tout oublié, « s'éveille tout neuf pour les objets qui l'environnent ; » il place cet homme dans une campagne, « où les animaux, les oiseaux, les poissons, les plantes, les pierres se présentent successivement à ses yeux. » — « Bientôt, dit-il, cet homme se formera une idée générale de la matière animée, il la distinguera aisément de la matière inanimée, et, peu de temps après, il distinguera très bien la matière animée de la matière végétative, et naturellement il arrivera à cette première grande division : *animal*, *végétal* et *minéral;* et comme il aura pris en même temps une idée nette de ces grands objets si différents, la *terre*, l'*air* et l'*eau*, il viendra en peu de temps à se former une idée particulière des animaux qui habitent la terre, de ceux qui demeurent dans

1. Tome I, page 34.

l'eau et de ceux qui s'élèvent dans l'air, et par conséquent il se fera aisément à lui-même cette seconde division : *animaux quadrupèdes, oiseaux* et *poissons;* il en est de même, dans le règne végétal, des arbres et des plantes ; il les distinguera très bien, soit par leur grandeur, soit par leur substance, soit par leur figure. Voilà ce que la simple inspection doit nécessairement lui donner, et ce qu'avec une très légère attention, il ne peut manquer de reconnaître ; c'est aussi ce que nous devons regarder comme réel, et que nous devons respecter comme une division donnée par la nature même. Ensuite mettons-nous à la place de cet homme, ou supposons qu'il ait acquis autant de connaissances et qu'il ait autant d'expérience que nous en avons, il viendra à juger les objets de l'histoire naturelle par les rapports qu'ils auront avec lui : ceux qui lui seront les plus nécessaires, les plus utiles, tiendront le premier rang ; par exemple, il donnera la préférence, dans l'ordre des animaux, au chien, au bœuf, etc., et il connaîtra toujours mieux ceux qui lui seront les plus familiers ; ensuite il s'occupera de ceux qui, sans être familiers, ne laissent pas que d'habiter les mêmes lieux, les mêmes climats, comme les cerfs, comme les lièvres et tous les animaux sauvages ; et ce ne sera qu'après toutes ces connaissances acquises, que sa curiosité le portera à rechercher ce que peuvent être les animaux des climats étrangers, comme les éléphants, les dromadaires, etc. Il en sera de même pour les poissons, pour les oiseaux, pour les insectes, pour les coquillages, pour les minéraux et pour toutes les autres productions de la nature : il les étudiera à proportion de l'utilité qu'il en pourra tirer ; il les considérera à mesure qu'elles se présenteront plus familièrement, il les rangera dans sa tête relativement à cet ordre de ses connaissances, parce que c'est en effet l'ordre selon lequel il les a acquises, et selon lequel il lui importe de les conserver. Cet ordre, le plus naturel de tous, est celui que nous avons cru devoir suivre. Notre méthode de distribution n'est pas plus mystérieuse que ce qu'on vient de voir [1]....»

Voilà pourtant jusqu'où peut conduire la prévention; et, quand on songe à l'époque où Buffon s'exprimait ainsi, l'étonnement redouble. Lorsque Buffon écrivait ce qu'on vient de lire, il y avait plus d'un demi-siècle que Ray [2] et Tournefort [3] avaient publié leurs grands travaux

1. Tome I, page 31.

2. *Methodus plantarum nova*, 1682.

3. *Éléments de botanique ou Méthode pour connaître les plantes*, 1694.

sur la méthode. Linné avait publié ses *Fundamenta botanica*[1], premier germe d'une philosophie nouvelle de la science ; les idées de Bernard de Jussieu commencaient à se répandre, et je trouve la preuve de ce dernier fait dans un monument bien précieux.

Nous avons, de Malesherbes, des *Observations*[2] pleines de savoir et surtout de bon sens sur les trois premiers volumes de l'*Histoire naturelle* de Buffon. Là cet esprit, souverainement droit, démêle bien vite la cause réelle de toutes les erreurs de Buffon, en fait de *méthode*. « Je crois, dit Malesherbes, que le peu de connaissance que M. de Buffon a des auteurs systématiques, est ce qui l'a empêché de faire attention à la première et principale utilité de leurs méthodes[3]..... C'est un reproche, dit-il encore, que je ne puis m'empêcher de faire à M. de Buffon, surtout à l'égard de M. Lin-

1. *Fundamenta botanica*, etc., 1736.

2. *Observations de Lamoignon-Malesherbes sur l'histoire naturelle générale et particulière de Buffon et de Daubenton.* L'ouvrage, qui n'a paru qu'après la mort de l'auteur, avait été composé en 1749, à l'époque même où Buffon publiait ses premiers volumes. Malesherbes, né en 1721, avait donc à peine vingthuit ans lorsqu'il écrivait, en 1749, l'ouvrage remarquable que je rappelle. Il fut nommé membre honoraire de l'Académie des Sciences en 1750, membre honoraire de l'Académie des Inscriptions en 1759, et membre de l'Académie française en 1775.

3. *Observations sur l'Histoire naturelle*, etc., tome I, page 8.

næus, dont je crois qu'il a trop peu lu les ouvrages, et dont il n'a pas saisi l'esprit [1]. »

Et, en effet, si Buffon a mal jugé les *méthodes,* c'est tout simplement parce qu'il ne connaissait pas les méthodes. « Lorsque l'ouvrage de M. de Buffon fut annoncé au public, dit Malesherbes, il me parut que, sous ce titre d'*Histoire naturelle générale et particulière*, l'auteur promettait un traité complet sur chaque partie de cette science, et ce projet me sembla d'autant plus hardi que M. de Buffon n'avait pas encore paru dans le monde savant comme naturaliste ; il était déjà célèbre par plusieurs mémoires lus à l'Académie sur différents sujets d'agriculture, de physique et de géométrie, et par une traduction très estimable [2] ; mais ces différentes connaissances me paraissaient autant de diversions à l'étude de la nature [3]...... »

Dans tout ce qu'il dit ici, Malesherbes a complétement raison. Lorsque Buffon, nommé en 1739 Intendant du Jardin du Roi, conçut le pro-

1. *Observations sur l'Histoire naturelle*, etc., tome I, page 4.

2. La traduction de la *Statique des Végétaux*, de Hales. La préface de cette traduction est remarquable à plus d'un titre ; j'y reviendrai plus tard, et dans plus d'une occasion. Malesherbes oublie la traduction du *Traité des Fluxions*, de Newton. Et cette traduction a aussi une très belle préface.

3. *Observations sur l'Histoire naturelle*, etc., tome I, page 3.

jet de son grand ouvrage, il n'était pas naturaliste. D'un autre côté, rien ne convenait moins à son génie que l'étude rigoureuse et abstraite de la *nomenclature* et des *caractères*. Il se mit donc à décrire les animaux un à un, comme il les étudiait, n'ayant pas eu le temps de les étudier tous ensemble et de les comparer entre eux; et, ce parti pris, il ne chercha plus qu'à multiplier, autant qu'il put, les objections contre les *méthodes*.

« Il est aisé de voir, dit-il, que le grand défaut de tout ceci est une erreur de métaphysique dans le principe même des méthodes,.... erreur qui consiste à vouloir juger d'un tout par une seule de ses parties [1]. » Buffon se trompe; il n'y a point là d'erreur de métaphysique: toutes les parties d'un animal étant faites les unes pour les autres, chacune donne les autres; on peut juger du tout par une seule de ses parties; il s'agit seulement de bien choisir cette partie [2]. « Il suffit, disait déjà Malesherbes, de choisir des caractères fixes, constants, et invariables; et il y en a dans la nature [3]. »

1. Tome I, page 20.

2. Voyez, sur les deux grandes lois de la *subordination des caractères* et de la *corrélation des parties* (deux lois qui donnent toute la *méthode*), mon *Histoire des travaux de Georges Cuvier*.

3. *Observations sur l'Histoire naturelle*, etc., tome I, page 13.

Buffon prétend « qu'il est impossible de donner un système général, une méthode parfaite, non seulement pour l'histoire naturelle entière, mais même pour une seule de ses branches [1]. » Substituez aux mots vagues de *méthode parfaite* les mots précis de *méthode naturelle*, et l'assertion de Buffon sera jugée.

Il dit « qu'il n'existe réellement dans la nature que des individus, et que les genres, les ordres et les classes n'existent que dans notre imagination [2]: » idée mal démêlée, et, depuis Buffon, bien souvent reproduite [3].

Voici, sur cette idée même, quelques-unes des remarques de Malesherbes. « Outre les systèmes artificiels, dit-il, les naturalistes connaissent une autre méthode qu'ils appellent *méthode naturelle*. Pour sentir le principe de cette méthode, il faut remarquer qu'il y a dans la nature des collections de genres, ou, si l'on veut, des classes, qui semblent séparées naturellement de toutes les autres. C'est ce qu'on appelle familles naturelles : telles sont, parmi les animaux, la famille des oiseaux, la famille des poissons, etc.

1. Tome I, page 13.

2. Tome I, page 38.

3. Les groupes mal faits *n'existent que dans notre imagination* ; mais les groupes *naturels*, les groupes bien faits, *existent dans la nature*. Les *groupes* sont l'expression des *rapports* des êtres, et ces *rapports* sont des choses réelles.

La division de ces deux familles ne part pas de la fantaisie d'un nomenclateur, qui a dit : je donnerai le nom d'oiseaux aux animaux qui ont des ailes, et le nom de poissons à ceux qui ont des nageoires. C'est la nature elle-même qui a rapproché, par une foule de ressemblances, les animaux de ces deux familles; et la somme de tous ces rapports est ce qu'on appelle le *caractère naturel*[1].... Parmi les espèces dont ces familles naturelles sont composées, il s'en trouve encore qui se tiennent plus particulièrement que les autres. Ainsi les mouches et les papillons sont des familles particulières dans la famille des insectes.... Cette marche de la nature, une fois bien connue, donnerait ce qu'on appelle la *méthode naturelle*, etc., etc. [2] ».

On voit, par tous ces passages, combien Malesherbes, aidé sans doute, ainsi que je le disais tout à l'heure, des idées de Bernard de Jussieu, avait profondément étudié les méthodes. Il voyait déjà dans la *méthode naturelle* ce qu'elle est en effet par-dessus tout, un instrument de généralisation. « Rien, dit-il, n'est plus propre à étendre la science et à généraliser les décou-

1. *Observations sur l'Histoire naturelle*, etc., tome I, page 9.
2. *Observations sur l'Histoire naturelle*, etc., tome I, page 11

vertes [1]. » Il est peut-être le premier qui ait bien compris la fondamentale distinction établie par Linné entre les *méthodes artificielles* et la *méthode naturelle*, et je citerai encore de lui ce passage, car j'avoue que je trouve un grand bonheur à le citer. Buffon reproche souvent à Linné ce qu'il y a d'artificiel dans le *système sexuel* des plantes : « Pour répondre à ce reproche, dit Malesherbes, il suffit de remarquer que le système de M. Linnæus est un système artificiel, qu'il le donne pour tel, et qu'il est même celui de tous les botanistes qui a le mieux marqué la différence entre la *méthode naturelle* et les *méthodes artificielles*. Lorsque ses principes le conduisent à quelque classe, qu'il regarde comme naturelle, il a soin d'en avertir... Il a même donné le petit nombre de familles qui lui paraissent naturelles, et cela pour faciliter le travail de ceux qui cherchent la méthode naturelle générale [2]... »

M. Cuvier dit : «.... Par tous ces travaux, Linné fut conduit à distinguer nettement les systèmes artificiels de la méthode naturelle. Jusqu'à lui cette distinction n'avait pas été faite clairement ; on ne se rendait pas bien compte de la

1. *Observations sur l'Histoire naturelle*, etc., tome I, page 18.
2. *Observations sur l'Histoire naturelle*, etc., page 60.

différence des méthodes de classification. Chacun cherchait sans doute à rapprocher, autant qu'il le pouvait, les plantes, les animaux et les minéraux qui se ressemblaient par certains rapports; mais on ne s'attachait pas à rendre ces rapports simples et précis. Linné adopta le système artificiel, mais il déclara qu'il ne convenait que pour arriver à la détermination positive des espèces, et qu'il ne fallait pas négliger de travailler à la découverte d'une méthode naturelle fondée sur les véritables rapports des objets[1]. » M. Cuvier juge donc Linné comme Malesherbes ; mais M. Cuvier est M. Cuvier , et il écrivait de nos jours : Malesherbes écrivait il y a près d'un siècle.

Je reviens à Buffon. Ses préventions contre la méthode ne pouvaient durer bien longtemps. A mesure qu'il avançait dans son grand travail, il se faisait de plus en plus aux idées, et par les idées au langage des naturalistes; il sentait, de plus en plus, le besoin de ranger les objets d'après leurs rapports, et, comme le dit si bien M. Cuvier : « Parvenu à son *Histoire des Oiseaux,* il se soumit tacitement à la nécessité où nous sommes tous de classer nos idées, pour

1. *Cours de l'Histoire des Sciences naturelles*, troisième partie, page 25.

nous en représenter clairement l'ensemble [1]. »

J'ajoute qu'il n'avait pas attendu jusque-là. Lorsque après avoir décrit l'un après l'autre, et sans aucune vue méthodique, le cheval, l'âne, le bœuf, la brebis, la chèvre, le cochon, le chien, le chat, tous les animaux domestiques, il passe aux animaux sauvages, il rapproche plus d'une fois, et avec un dessein marqué, les espèces semblables : il met le daim près du chevreuil, la fouine près de la marte, etc., etc. Arrivé aux singes, il les met tous ensemble, et même il les distribue déjà par groupes distincts, d'après de très bons caractères [2].

1 *Biographie universelle*, art. *Buffon.*

2. « Dès que Buffon arriva aux quadrumanes, aux singes, il fut obligé, par leurs nombreux points de ressemblance, d'établir des divisions entre ces animaux, de former des genres et d'indiquer les caractères des espèces. La même nécessité se fit sentir dans l'histoire des oiseaux. Aussi cette histoire est-elle presque entièrement distribuée d'une manière méthodique ; il y a des familles, des genres, qui sont aussi bien faits que ceux des autres méthodistes. On peut donc dire que Buffon, sans l'avouer, a réfuté lui-même les déclamations qu'il a répandues contre les méthodes dans ses divers écrits. » Cuvier, *Cours de l'Histoire des Sciences naturelles*, troisième partie, tome IV, page 164. L'opinion de M. Geoffroy-Saint-Hilaire est ici très importante : « Buffon, privé d'abord, dit-il, du principe de la ressemblance des êtres, crut trouver un ordre plus rationnel en procédant du connu à l'inconnu ; mais il ne faut pas se le dissimuler, c'était uniquement un ordre relatif à ses propres besoins... Sa distribution des quadrupèdes, n'ayant pas pour base l'appréciation de leurs rapports de famille et de leurs degrés

Mais c'est surtout dans l'*Histoire des Oiseaux* que, comme le remarque M. Cuvier, sa marche devient réellement méthodique. « Au lieu, dit Buffon lui-même, de traiter les oiseaux un à un, c'est-à-dire par espèces distinctes et séparées, je les réunirai plusieurs ensemble sous un même genre [1]... » En effet, à chaque espèce principale, ou qu'il prend pour type, il joint toutes les espèces, soit de notre climat, soit étrangères, qui s'y rapportent [2]; il forme ainsi des groupes réguliers, des familles, des genres ; et, presque partout, il respecte les grands, les vrais caractères.

« Rien de plus fautif, dit-il, que la distinction des espèces, fondée sur des caractères aussi inconstants qu'accidentels [3]. »

divers d'affinité, n'était et ne pouvait être, pour Buffon, qu'une combinaison propre à déguiser son peu d'habitude dans l'art d'apprécier ces rapports et ces affinités... C'est dans cette portion de son ouvrage (l'*Histoire des Singes*) que Buffon renonce au classement tout personnel à lui, et vraiment étranger à la nature des choses, qu'il avait suivi jusqu'alors. Ce qu'il avait condamné dans Linné, il l'adopte alors... » (*Études sur la Vie, les Ouvrages et les Doctrines de Buffon*, page 40, 1838).

1. *Oiseaux*, tome I, page 20.

2. « Nous présenterons les oiseaux dans l'ordre qui nous a paru le plus naturel... Nous joindrons à chacun les oiseaux étrangers qui ont rapport à ceux de notre climat. » (*Oiseaux*, tome I, page 63).

3. *Oiseaux*, tome I, page 70.

« Nos nomenclateurs modernes, dit-il encore, paraissent s'être beaucoup moins souciés de restreindre et réduire au juste le nombre des espèces, ce qui néanmoins est le vrai but du travail d'un naturaliste, que de les multiplier, chose bien moins difficile et par laquelle on brille aux yeux des ignorants ; car la réduction des espèces suppose beaucoup de connaissances, de réflexions et de comparaisons, au lieu qu'il n'y a rien de si aisé que d'en augmenter la quantité ; il suffit pour cela de parcourir les livres et les cabinets d'histoire naturelle, et d'admettre, comme caractères spécifiques, toutes les différences, soit dans la grandeur, dans la forme ou la couleur, et de chacune de ces différences, quelque légère qu'elle soit, faire une espèce nouvelle et séparée de toutes les autres ; mais malheureusement en augmentant ainsi très gratuitement le nombre nominal des espèces, on n'a fait qu'augmenter en même temps les difficultés de l'histoire naturelle, dont l'obscurité ne vient que de ces nuages répandus par une nomenclature arbitraire, souvent fausse, toujours particulière, et qui ne saisit jamais l'ensemble des caractères, tandis que c'est de la réunion de tous ces caractères, et surtout de la différence ou de la ressemblance de la forme, de la grandeur, de la couleur, et aussi de celles du naturel et des mœurs, qu'on doit conclure la diversité ou l'unité des espèces[1]. »

Enfin, n'y a-t-il pas, dans le passage qui suit, quelque chose de plus remarquable encore, et comme un sentiment confus de la belle théorie de la subordination des parties?

« Les différences extérieures ne sont rien en comparaison des différences intérieures; celles-ci sont, pour ainsi dire, les causes des autres qui n'en sont que les effets. L'intérieur dans les êtres vivants est le fond du dessein de la nature ; c'est la forme constituante, c'est la vraie figure ; l'extérieur n'en est que la surface ou même la draperie ; car combien n'avons-nous pas vu, dans l'examen comparé que nous avons fait des animaux, que cet extérieur, souvent très différent, recouvre un intérieur parfaitement semblable, et qu'au contraire la moindre différence intérieure en produit de très grandes à l'extérieur, et change même les habitudes naturelles, les facultés, les attributs de l'animal[2] ? »

Lorsqu'on parle des idées de Buffon sur la méthode, il faut donc tenir compte, et grand compte, de l'époque où il les a eues, et, si je puis dire ainsi, de leur date[3]. Et il en est de presque toutes

1. *Oiseaux*, tome I, page 71.

2. Tome XIII, page 37. Il n'y avait plus qu'à appliquer ces belles idées de physiologie générale à la méthode.

3. Comme il n'étudiait les objets que successivement et l'un

les autres opinions de Buffon, comme de ses opinions sur la méthode. Nul homme, peut-être, n'a plus constamment modifié ses pensées, parce que nul homme ne les a plus constamment travaillées. On vient d'en voir un exemple : Buffon avait commencé par se moquer des *méthodes* et il a fini par suivre ou plutôt par se faire une excellente méthode,

Cependant, Buffon n'a jamais bien compris ce qui, à considérer le côté philosophique, c'est-à-dire le vrai côté du problème, constitue réellement la méthode.

après l'autre, les points de vue ne se découvraient aussi que successivement à ses yeux. De là, bien des variations et, souvent même, bien des contradictions. Par exemple, il dit, à un endroit, « qu'il n'existe dans la nature que des individus » (tome I, page 38) ; et puis il écrit, à un autre endroit, cette belle phrase : « Tous les êtres semblent se réunir avec leurs voisins, et former des groupes de similitudes dégradées, des genres. » (Tome XIV, page 29). En un lieu, il se moque des *méthodes* et des *méthodistes* : « Il est nécessaire, dit-il, de prévenir les voyageurs contre l'usage de pareilles méthodes, avec lesquelles on se dispense de raisonner, et on se croit d'autant plus savant que l'on a moins d'esprit » (tome XIII, page 8) ; et, en un autre lieu, il parle le langage le plus sévère des *méthodistes* : « Comme l'on a donné, dit-il, le nom de maki à plusieurs animaux d'espèces différentes, nous ne pouvons l'employer que comme un *terme générique*, sous lequel nous comprendrons trois animaux qui se ressemblent assez pour être du même *genre*, mais qui diffèrent aussi par un nombre de caractères suffisant pour constituer des *espèces* évidemment différentes. » (Tome XIII, page 173).

La méthode est l'expression des rapports des choses.

La méthode subordonne les rapports particuliers aux rapports généraux, et les rapports généraux à de plus généraux encore, lesquels sont les lois.

Montesquieu définit admirablement les lois : *des rapports* [1].

C'est là tout un ordre d'idées que Buffon n'a pas soupçonnées. Jusqu'à lui la méthode semblait faite plutôt pour conduire aux *noms* qu'aux *rapports* des choses. Après lui, le véritable objet a paru ; mais il a fallu pour cela tout ce long travail sur l'anatomie comparée que Buffon n'a pas vu, et auquel peut-être, lors même qu'il eût pu le voir, il n'aurait pas donné toute l'attention requise, car il avait la patience du génie et non pas celle des sens.

Buffon n'a donc pas compris cette méthode qui donne les rapports, ces rapports qui donnent les lois, ces lois qui, sous le point de vue abstrait, sont toute la science [2].

Son véritable titre est d'avoir fondé la partie

1. « Les lois, dans la signification la plus étendue, sont les rapports nécessaires qui dérivent de la nature des choses. » (*Esprit des Lois*, livre I, chapitre I).

2. Voyez, sur ces rapports et sur ces lois, mon *Histoire des travaux de Georges Cuvier*.

historique et descriptive[1] de la science. Et ici il a deux mérites pour lesquels il n'a été égalé par personne. Il a eu le mérite de porter le premier la critique dans l'histoire naturelle[2], et le talent de transformer les descriptions en peintures. Il ne se borne plus à compiler, comme on faisait avant lui, il juge ; il ne décrit pas, il peint.

Il a connu deux cents espèces de quadrupèdes, et de sept à huit cents espèces d'oiseaux ; et pour chacune de ces espèces, il a donné une *histoire complète* : posant ainsi, pour la *zoologie*, des bases qui seront éternelles, en même temps que, par les *descriptions anatomiques* de Daubenton, il préparait des matériaux à jamais précieux pour l'*anatomie comparée*.

Mais, il faut bien le dire, ce qui a fait de Buf-

1. Il a toujours réuni ces deux parties : l'*histoire* et la *description*. « L'histoire doit suivre la description... » (Tome I, page 30). « Ces deux parties (l'histoire et la description), que l'on ne doit jamais séparer en histoire naturelle... » (*Oiseaux*, tome I, page v).

2. Sa critique s'étend à tout : à la comparaison des espèces entre elles, à celle de leurs caractères, de leur structure, de leurs habitudes, de leurs noms, etc. « La première chose que l'on doit se proposer lorsqu'on entreprend d'éclaircir l'histoire d'un animal, c'est de faire une critique sévère de sa nomenclature, de démêler exactement les différents noms qui lui ont été donnés,... et de distinguer, autant qu'il est possible, les différentes espèces auxquelles les mêmes noms ont été appliqués. » (*Oiseaux*, tome II, page 1).

fon, dans la science, un homme à part, et dont la grandeur semble, chaque jour encore, devenir plus imposante, c'est le génie avec lequel il a écrit ses ouvrages. Son style lui assure, dans les sciences, une immortalité propre; et lui-même le pressentait bien : «Les ouvrages bien écrits, dit-il avec complaisance, seront les seuls qui passeront à la postérité. La multitude des connaissances, la singularité des faits, la nouveauté même des découvertes ne sont pas de sûrs garants de l'immortalité : si les ouvrages qui les contiennent ne roulent que sur de petits objets, s'ils sont écrits sans goût, sans noblesse et sans génie, ils périront, parce que les connaissances, les faits et les découvertes s'enlèvent aisément, se transportent et gagnent même à être mis en œuvre par des mains plus habiles. Ces choses sont hors de l'homme, le style est l'homme même [1]... »

C'est par ce style, qui est l'*homme même*, que Buffon s'est fait une place qui n'est qu'à lui; et, chose qu'on n'a pas assez remarquée, c'est que le style, je ne parle pas ici de la *langue scientifique* [2], je ne parle pas de la *nomenclature* [3], je dis le style, a été pour beaucoup aussi dans les grands succès de Linné.

1. *Discours de réception à l'Académie française*.
2. Linné a créé une *langue descriptive*.
3. Linné a créé la *nomenclature binaire*.

Linné parle une langue morte ; il altère même, sous plus d'un rapport, les formes de cette langue : qu'importe ? Son génie, original et vif, trouve dans cette langue singulière des ressources pour tout animer et tout peindre ; car il est aussi grand peintre, mais à sa manière. Tout, entre Buffon et lui, diffère. Buffon a la puissance de la méditation, Linné a la puissance de l'enthousiasme ; Buffon ramène tout à lui et par lui à l'homme, l'âme de Linné semble se répandre dans la nature et de la nature s'élever à Dieu ; on sent partout dans Buffon la force raisonnée de l'esprit, on sent plus d'une fois dans Linné l'émotion du cœur.

Sa description de l'hirondelle a quelque chose d'inspiré et qui tient de l'hymne : *Venit, venit hirundo, pulchra adducens tempora et pulchros annos !*

Il peint ainsi les tristes amours du chat : *Clamando rixandoque misere amat.*

Sa description du cheval est très belle : *Animal generosum, superbum, fortissimum, cursu furens*, etc.

Et quelle pensée que celle-ci : *O quam contemta res est homo, nisi supra humana se erexerit !*

CHAPITRE II.

IDÉES DE BUFFON SUR L'ÉCONOMIE ANIMALE.

Lorsque Buffon commença son grand ouvrage, il n'était pas plus *anatomiste* que *zoologiste*. Il devint plus tard *zoologiste*, comme nous avons vu. Il ne devint jamais *anatomiste*, à proprement parler ; et cependant, d'une part, il a fait beaucoup pour l'*anatomie*, et, de l'autre, il lui a beaucoup dû.

Il est d'abord le premier[1] qui ait joint la *description anatomique*, c'est-à-dire *intérieure*, à la *description extérieure* des espèces. Il appela, il inspira Daubenton ; il jeta, par les mains de Daubenton, les premières bases de l'*anatomie comparée ;* et peut-être comprit-il mieux que Daubenton lui-même toute la portée de cette nouvelle science.

« Depuis trois mille ans, dit-il, que l'on dis-

1. J'excepte toujours Aristote, qui embrassa tout et réunit tout : l'*anatomie*, la *zoologie* ou la *méthode*, et l'*histoire naturelle* proprement dite. Voyez mon *Histoire des travaux de Georges Cuvier*.

sèque des cadavres humains, l'anatomie n'est encore qu'une nomenclature, et à peine a-t-on fait quelques pas vers son objet réel, qui est la science de l'économie animale[1].... Nous avons des milliers de volumes sur la description du corps humain, et à peine a-t-on quelques mémoires commencés sur celle des animaux : dans l'homme on a reconnu, nommé, décrit les plus petites parties, tandis que l'on ignore si, dans les animaux, l'on retrouve non seulement ces petites parties, mais même les plus grandes ; on attribue certaines fonctions à de certains organes, sans être informé si, dans d'autres êtres, quoique privés de ces organes les mêmes fonctions ne s'exercent pas; en sorte

1. Tome VII, page 22. « ... Cette méthode n'est pas la science; ce n'est que le chemin qui devrait y conduire, et qui peut-être y aurait conduit en effet, si, au lieu de toujours marcher sur la même ligne dans un sentier étroit, on eût étendu la voie, et mené de front l'anatomie de l'homme et celle des animaux... » (Tome VII, page 21). — « Quelle connaissance réelle peut-on tirer d'un objet isolé? Le fondement de toute science n'est-il pas dans la comparaison que l'esprit humain peut faire des objets semblables et différents, de leurs propriétés analogues ou contraires, et de toutes leurs qualités relatives?... Ainsi, toutes les fois que, dans une méthode, on ne s'occupe que du sujet, qu'on le considère seul et indépendamment de ce qui lui ressemble et de ce qui en diffère, on ne peut arriver à aucune connaissance réelle, encore moins s'élever à aucun principe général; on ne pourra donner que des noms, et faire des descriptions de la chose et de toutes ses parties... » (Tome VII, page 21).

que, dans toutes ces explications qu'on a voulu donner des différentes parties de l'économie animale, on a eu le double désavantage d'avoir d'abord attaqué le sujet le plus compliqué, et ensuite d'avoir raisonné sur ce même sujet sans le fondement de la relation et sans le secours de l'analogie. Nous avons suivi partout, dans le cours de cet ouvrage, une méthode très différente : comparant toujours la nature avec elle-même, nous l'avons considérée dans ses rapports, dans ses opposés, dans ses extrêmes ; et pour ne citer ici que les parties relatives à l'économie animale que nous avons eu occasion de traiter, comme la génération, les sens, le mouvement, le sentiment, la nature des animaux, il sera aisé de reconnaître qu'après le travail, quelquefois long, mais toujours nécessaire pour écarter les fausses idées, détruire les préjugés, séparer l'arbitraire du réel de la chose, le seul art que nous ayons employé est la comparaison. Si nous avons réussi à répandre quelque lumière sur ces sujets, il faut moins l'attribuer au génie qu'à cette méthode que nous avons suivie constamment, et que nous avons rendue aussi générale, aussi étendue que nos connaissances nous l'ont permis[1]. »

Les vues principales que Buffon a dues à l'a-

1. Tome VII, page 24.

natomie sont au nombre de trois. Je veux parler ici de ses vues sur le plan général de la nature, sur les nuances graduées des êtres, et sur la prééminence relative des différents organes dans les différentes espèces : c'est de ces trois vues que date la grande physiologie.

I. — Uniformité du plan général de la nature.

« Si, dit Buffon, dans l'immense variété que nous présentent tous les êtres animés qui peuplent l'univers, nous choisissons un animal, ou même le corps de l'homme, pour servir de base à nos connaissances, et y rapporter, par la voie de la comparaison, les autres êtres organisés, nous trouverons que, quoique tous ces êtres existent solitairement et que tous varient par des différences graduées à l'infini, il existe en même temps un dessein primitif et général qu'on peut suivre très loin et dont les dégradations sont bien plus lentes que celles des figures et des autres rapports apparents ; car, sans parler des organes de la digestion, de la circulation et de la génération qui appartiennent à tous les animaux, et sans lesquels l'animal cesserait d'être animal et ne pourrait ni subsister ni se reproduire, il y a dans les parties mêmes qui contribuent le plus à la variété de la forme extérieure, une prodigieuse ressemblance qui nous rappelle nécessairement l'idée d'un premier dessein sur lequel tout semble avoir été conçu : le corps du cheval[1], par exemple, qui du premier coup d'œil paraît si différent du corps de l'homme, lorsqu'on vient à le comparer en détail et partie par partie, au lieu de surprendre par la différence, n'étonne plus que par la ressemblance singulière et presque complète qu'on y trouve... On vient de voir, dans la description du cheval[2], ces faits trop bien établis pour pouvoir en douter ; mais, pour suivre ces rapports encore plus loin, que l'on considère séparément quelques parties essentielles à la forme, les côtes, par exemple, on les trouvera dans tous les quadrupèdes, dans les oiseaux, dans les poissons, etc... ; que l'on considère, comme l'a

1. Au moment où Buffon écrivait ceci, Daubenton, par le soin qu'il avait eu de nommer du même nom les mêmes parties dans l'homme et dans le cheval, venait de faire ressortir l'extrême similitude de leur structure. « Cette méthode (celle qui donne des noms tout spéciaux aux parties du cheval) peut être convenable à ceux qui traitent uniquement du cheval ; mais elle entraînerait des inconvénients en histoire naturelle, lorsqu'on voudrait comparer tous les animaux les uns aux autres et les rapporter à l'homme : pour faciliter cette comparaison, nous appliquerons les dénominations des os du squelette humain à ceux du cheval et des autres animaux, et nous suivrons l'ordre usité dans l'anatomie de l'homme... » (Daubenton, *Description du cheval*, tome IV, page 338).

2. Par Daubenton.

remarqué M. Daubenton [1], que le pied d'un cheval, en apparence si différent de la main de l'homme, est cependant composé des mêmes os, et que nous avons à l'extrémité de chacun de nos doigts le même osselet en fer à cheval qui termine le pied de cet animal [2]; et l'on jugera si cette ressemblance cachée n'est pas plus merveilleuse que les différences apparentes, si cette uniformité constante et ce dessein suivi de l'homme aux quadrupèdes, des quadrupèdes aux cétacés, des cétacés aux oiseaux, des oiseaux aux reptiles, des reptiles aux poissons, etc., dans lesquels les parties essentielles, comme le cœur, les intestins, l'épine du dos, les sens, etc., se trouvent toujours, ne semblent pas indiquer qu'en créant les animaux, l'Être suprême n'a voulu employer qu'une idée et la varier en même temps de toutes les manières possibles, afin que l'homme pût admirer également et la magnificence de l'exécution, et la simplicité du dessein [3]. »

1. On voit, par cet exemple et par cent autres, comment, à mesure que Daubenton avançait dans la partie matérielle de la science, Buffon saisissait l'esprit de ces progrès successifs.

2. «..... Ce qu'il y a de singulier, c'est que cette forme de fer à cheval se trouve aussi sur l'os de la troisième phalange des doigts des pieds et des mains de l'homme. » (Daubenton, *Description du cheval*, tome IV, page 365).

3. Tome IV, page 379. Il revient souvent sur cette grande idée; il y revient en particulier dans le passage qui suit, et qui n'est

Assurément, ce passage est fort beau, et il a été souvent cité ; mais il ne suffit pas de le citer : après l'avoir admiré, il faut voir, et voir enfin avec précision jusqu'à quel point la grande idée d'un *plan*

pas moins beau que celui que je viens de citer, quoiqu'il ait été moins remarqué : « Prenant son corps pour le module physique de tous les êtres vivants, et les ayant mesurés, sondés, comparés dans toutes leurs parties, l'homme a vu que la forme de tout ce qui respire est à peu près la même ; qu'en disséquant le singe on pouvait donner l'anatomie de l'homme ; qu'en prenant un animal on trouvait toujours le même fond d'organisation, les mêmes sens, les mêmes viscères, les mêmes os, la même chair, le même mouvement dans les fluides, le même jeu, la même action dans les solides ; il a trouvé dans tous un cœur, des veines et des artères ; dans tous, les mêmes organes de circulation, de respiration, de digestion, de nutrition, d'excrétion ; dans tous, une charpente solide, composée des mêmes pièces à peu près assemblées de la même manière et ce plan toujours le même, toujours suivi de l'homme au singe, du singe aux quadrupèdes, des quadrupèdes aux cétacés, aux oiseaux, aux poissons, aux reptiles, ce plan, dis-je, bien saisi par l'esprit humain, est un exemplaire fidèle de la nature vivante, et la vue la plus simple et la plus générale sous laquelle on puisse la considérer ; et, lorsqu'on veut l'étendre et passer de ce qui vit à ce qui végète, on voit ce plan, qui d'abord n'avait varié que par nuances, se déformer par degrés des reptiles aux insectes, des insectes aux vers, des vers aux zoophytes, des zoophytes aux plantes ; et, quoique altéré dans toutes les parties extérieures, conserver néanmoins le même fond, le même caractère, dont les traits principaux sont la nutrition, le développement et la reproduction ; traits généraux et communs à toute substance organisée, traits éternels et divins que le temps, loin d'effacer ou de détruire, ne fait que renouveler et rendre de plus en plus évidents. » (Tome XIV, page 28).

général, d'un seul plan, dans l'organisation des animaux, est une idée solide et vraie.

Newton avait remarqué avant Buffon : « L'uniformité qui, disait-il, paraît dans le corps des animaux; car, en général, les animaux ont deux côtés, l'un droit et l'autre gauche, formés de la même manière; et, sur ces deux côtés, deux jambes par derrière, et deux bras, ou deux jambes, ou deux ailes par devant sous leurs épaules ; et, entre les épaules, un cou qui tient par en bas à l'épine du dos, avec une tête par-dessus où il y a deux oreilles, deux yeux, un nez, une bouche et une langue, dans une même situation [1]. »

A l'époque même où Buffon publiait l'idée que j'examine, un autre grand naturaliste, Réaumur, la jugeait ainsi : « Quoique cette vue ne soit pas exacte, disait Réaumur, elle prouve que M. de Buffon conçoit très bien qu'il y a un plan général, qui rappelle tous les animaux à une idée d'unité, à un point de conformité par lequel tout animal, quel qu'il soit, est distingué des végétaux. L'inexactitude de la réflexion [2] consiste en ce qu'il met ce

1. *Traité d'optique*, etc. (trad. de Coste, tome II, page 577).

2. L'*inexactitude* de la *réflexion* n'est pas précisément dans ce que remarque Réaumur. Ce n'est pas parce que certaines parties manquent que les animaux diffèrent de *plan*, c'est parce que les parties qui restent ne gardent pas la même position relative. En un mot, il y a un *fonds commun* d'organisation dans les ani-

point dans certaines parties qui manquent à beaucoup d'animaux, comme la charpente des os, que n'ont pas les insectes, le cœur qu'on distingue dans quelques animaux et qui ne se trouve pas dans d'autres, etc. [1]. »

On voit, par les paroles de Newton, que l'idée d'une certaine *uniformité* dans les animaux a été saisie de bonne heure ; et l'on voit, par les remarques de Réaumur, que cette belle idée d'un *plan général*, d'un *dessein suivi*, a grand besoin d'être démêlée.

Lorsque, avec Buffon, on passe de l'homme au cheval, aux quadrupèdes, on trouve un *dessein suivi;* lorsqu'on passe des quadrupèdes aux oiseaux, des oiseaux aux reptiles, des reptiles aux poissons, ce même *dessein*, quoique toujours de plus en plus modifié, subsiste : on a toujours le *dessein*, le *plan* de l'animal vertébré.

Mais, si des animaux vertébrés on passe aux mollusques, le *dessein* change ; si des mollusques on passe aux insectes, il change encore ; il change

maux, et c'est par là que l'animal se distingue du végétal ; mais le *plan*, c'est-à-dire l'*ordre relatif* des parties qui constituent ce *fonds commun*, change. Il y a un *fonds commun*, et plusieurs *plans distincts*. Voyez ce que je dis plus loin. Voyez aussi mon *Histoire des travaux de G. Cuvier*.

1. *Lettres à un Américain*, etc. (tome IV, huitième partie, page 188) : ouvrage de l'abbé de Lignac, mais où l'on reconnaît aisément, et dans plus d'un lieu, la main de Réaumur.

encore, si des insectes on passe aux zoophytes.

Il n'y a donc pas un seul *dessein*, un seul *plan*; il y en a quatre : il y a le *plan* des vertébrés, le *plan* des mollusques, le *plan* des insectes [1], et le *plan* des zoophytes.

C'est ce que nous savons tous aujourd'hui [2], et ce que Buffon ne pouvait savoir. Buffon n'a connu l'anatomie que par Daubenton, et Daubenton n'avait étudié que les animaux vertébrés. Les mollusques, les insectes, les zoophytes, tout ce qu'on appelait alors les animaux à sang blanc, tout ce qu'on appelle aujourd'hui les animaux sans vertèbres, tous ces animaux n'ont été, si je puis ainsi dire, soumis à l'anatomie comparée que par M. Cuvier.

Au temps de Buffon, si vous exceptez quelques études particulières de Méry sur la *moule des étangs*, de Malpighi sur le *ver à soie*, de Swammerdam sur un certain nombre d'*insectes*, etc., la structure de toute cette grande partie du règne animal était à peu près inconnue. Les belles études de Lyonnet sur la *chenille du saule*, de Pallas sur les *aphrodites* et les *néréides*, etc., ne sont venues qu'après. Et encore, avec tout cela, qu'avait-on? des vues détachées, des faits isolés, épars; mais

1. Ou, plus généralement, des *articulés*, plan qui comprend les *crustacés*, les *arachnides* et les *insectes*.

2. Voyez mon *Histoire des travaux de G. Cuvier*.

nulle vue générale et comparative, nul travail d'ensemble.

Ce travail d'ensemble n'appartient qu'à M. Cuvier. Et, ce travail fait, toutes ces structures nouvelles des mollusques, des insectes, des zoophytes, ont donné leurs lois distinctes; on a eu de nouvelles formes générales, de nouveaux desseins, de nouveaux plans, de nouveaux types. La belle loi de Buffon, bornée aux seuls animaux qu'il connût, c'est-à-dire aux seuls animaux vertébrés, a paru aussi juste que belle. En un mot, Buffon a donné la loi générale d'une partie du règne animal, et M. Cuvier a donné les lois distinctes du règne animal entier; Buffon avait donné la loi générale des animaux vertébrés, et M. Cuvier a donné les lois distinctes des animaux vertébrés, des mollusques, des insectes et des zoophytes.

II, —Nuances graduées des êtres.

L'idée d'une gradation continue des êtres date d'Aristote.

« Le passage des êtres inanimés aux animaux se fait, dit Aristote, peu à peu : la continuité des gradations couvre les limites qui séparent deux classes d'êtres, et soustrait à l'œil le point qui les divise. Après les êtres inanimés viennent d'abord les plantes... Le genre entier des plantes semble presque animé, lorsqu'on le compare aux autres corps ; elles paraissent inanimées, si on les compare aux animaux. Des plantes aux animaux le passage n'est point subit et brusque : on trouve dans la mer des corps dont on douterait si ce sont des animaux ou des plantes. La même gradation insensible, qui donne à certains animaux plus de vie et de mouvement qu'à d'autres, a lieu pour les fonctions vitales[1]... »

Vingt siècles après Aristote, Leibnitz reproduit l'idée de la *continuité* des êtres. « Les hommes, dit-il, tiennent aux animaux, ceux-ci aux plantes, et celles-ci aux fossiles... La *loi de continuité*, dit-il encore, exige que tous les êtres naturels ne forment qu'une seule chaîne, dans laquelle les différentes classes, comme autant d'anneaux, tiennent si étroitement les unes aux autres, qu'il soit impossible de fixer précisément le point où quelqu'une commence ou finit, toutes les espèces qui occupent les régions d'inflexion et de rebroussement devant être équivoques et douées de caractères qui se rapportent également aux espèces voisines[2]. »

Après Aristote, après Leibnitz, Buffon adopte

1. *Histoire des Animaux*, livre VIII, chap. I (trad. de Camus).
2. *Lettres de Leibnitz*, dans l'*Appel au public*, de Kœnig : *Appendice*, page 45.

l'idée d'une *échelle continue* des êtres; Bonnet [1] l'adopte après Buffon ; et presque tous les naturalistes de la fin du dernier siècle l'adoptent avec Bonnet.

« Les nuances imperceptibles, dit Buffon, sont le grand œuvre de la nature [2]... La nature marche, dit-il encore, par des gradations inconnues... Elle passe d'une espèce à une autre espèce, et souvent d'un genre à un autre genre, par des nuances imperceptibles ; de sorte qu'il se trouve un grand nombre d'espèces moyennes et d'objets mi-partis qu'on ne sait où placer [3]. »

Buffon parle donc comme Aristote et Leibnitz ; Bonnet parle comme tous les trois [4]; et cependant cette idée d'une *échelle continue* n'a guère moins

1. Bonnet : *Considérations sur les corps organisés; Principes philosophiques sur la cause première et sur son effet; Contemplation de la nature*, etc.

2. Tome I, page 12.

3. Tome I, page 13. « La nature ne va jamais par sauts, dit-il encore. » (Tome XIV, page 12). *Natura non facit saltus*, avait dit Linné.

4. « Tout est gradué et nuancé dans la nature : il n'est point d'être qui n'en ait au-dessus ou au-dessous de lui qui lui ressemblent par quelques caractères et qui en diffèrent par d'autres... Il est, entre deux classes, deux genres, des productions pour ainsi dire mitoyennes, qui sont comme autant de liaisons ou de points de passage... » (Bonnet, *Principes philosophiques*, etc., page 226, Neuchâtel, 1783).

besoin que celle d'une *unité de plan* d'être sérieusement discutée.

« Que veut-on dire, s'écriait déjà Réaumur, que veut-on dire lorsqu'on nous annonce que *la nature marche par des gradations inconnues*..., *qu'elle passe d'une* espèce à une autre espèce, et souvent d'un genre à un autre genre *par des nuances imperceptibles?*... Veut-on dire que, dans le spectacle que la nature nous offre, elle nous présente une suite d'animaux qui diminuent de perfection dans leur organisation, de manière que nous confondons aisément les espèces moins parfaites de ces animaux avec les simples végétaux ?... J'entends cela ; mais je n'y vois point d'autre mystère, sinon que nos yeux ne peuvent suivre le travail de la nature dans la dernière perfection. Car de penser que le polype à bras qui a l'air d'une plante, que le polype à bouquets qui ressemble à une fleur..., que tous ces polypes, dis-je, aient une construction qui ne diffère que très peu de celle d'une plante, d'une fleur, c'est assurément ce qu'on ne me fera pas croire. Tant que je verrai à un corps des mouvements spontanés, une sorte d'industrie, une adresse à se dérober à tout ce qui tend à le détruire, un art pour se procurer de la subsistance, la faculté de changer de place, je ne verrai qu'un animal ; et, entre cet animal et une plante quelconque, j'apercevrai une ligne très forte et très sensible [1]. »

Ces idées sont justes. Buffon s'attache, comme tous ceux qui sont venus après lui, à l'exemple du polype. « Il y a, dit-il, des êtres qui ne sont ni animaux, ni végétaux, ni minéraux, et qu'on tenterait vainement de rapporter aux uns ou aux autres ; par exemple, lorsque M. Trembley, cet auteur célèbre de la découverte des animaux qui se multiplient par chacune de leurs parties détachées, coupées ou séparées, observa pour la première fois le polype de la lentille d'eau, combien employa-t-il de temps pour reconnaître si ce polype était un animal ou une plante ! et combien n'eut-il pas sur cela de doutes et d'incertitudes ! C'est qu'en effet le polype de la lentille n'est peut-être ni l'un ni l'autre, et que tout ce qu'on peut dire, c'est qu'il approche un peu plus de l'animal que du végétal [1]. »

Mais, point du tout : on peut très bien dire que le polype est un animal, et qu'il n'est qu'un animal. Il a la sensibilité, l'instinct, le mouvement des animaux ; il se nourrit comme eux, il mange, il digère ; à la vérité, il se reproduit par bouture, comme les plantes ; mais il n'est pas le seul animal qui se reproduise ainsi : des animaux parfai-

1. *Lettres à un Américain*, etc., tome I, lettre IX, page 22.
2. Tome II, page 262.

tement animaux, des animaux qui ont un cœur, un estomac, un cerveau, une circulation, des intestins, des nerfs, etc., etc., le *ver de terre*, les *vers d'eau douce* [1], etc., se reproduisent aussi par bouture : le polype n'est donc qu'un animal.

Après ce que j'ai dit sur l'*unité de plan*, la question de l'*échelle continue des êtres* sera facilement éclaircie.

Il n'y a pas un seul *plan*, il y en a plusieurs : il y en a quatre. S'il n'y avait qu'un seul *plan*, il pourrait y avoir une *échelle continue* [2] pour le règne animal entier. Mais il y a quatre *plans : l'échelle*, au lieu d'être *continue*, sera donc interrompue chaque fois qu'on passera d'un plan à un autre, chaque fois que le plan sera changé [3].

Tant que l'on restera, au contraire, dans le même plan, il y aura des *gradations continues*. Buffon, s'en tenant, comme je le disais tout à l'heure, aux seuls animaux vertébrés, a vu des *nuances graduées*, et il a bien vu. Il y a des *nuances graduées* d'un animal vertébré à un autre; mais d'un vertébré à un mollusque, d'un mollusque à un insecte, d'un insecte à un zoophyte, ce ne sont plus des *nuances graduées*, ce sont des *changements brusques*. La loi des *degrés nuancés*, comme la loi

1. Voyez les expériences de Spallanzani, de Bonnet, etc.
2. Expression de Bonnet.
3. Voyez mon *Histoire des travaux de G. Cuvier*.

d'un *dessein suivi* a donc son côté vrai, car il y a des nuances graduées et des desseins suivis ; et elle a son côté faux, car ce qui est, ce n'est pas une *seule* échelle continue de nuances graduées, ce n'est pas un *seul* dessein suivi.

« Quoiqu'il y ait des cas, dit M. Cuvier, où l'on observe une sorte de dégradation et de passage d'une espèce à l'autre, qui ne peut être niée, il s'en faut de beaucoup que cette disposition soit générale. L'échelle prétendue des êtres n'est qu'une application erronée à la totalité de la création, de ces observations partielles qui n'ont de justesse qu'autant qu'on les restreint dans les limites où elles ont été faites[1]. »

J'ajoute encore un mot : Buffon, comme Bonnet[2], comme tous ceux qui veulent une *échelle continue* des êtres, suppose toutes les combinaisons possibles.

« Il faut ne rien voir, dit-il, d'impossible, s'attendre à tout, et supposer que tout ce qui peut être, est. Les espèces ambiguës, les productions

1. *Le Règne animal*, etc. (seconde édition), tome I, page XXI.

2. « Toutes les combinaisons qui ont pu s'exécuter avec les mêmes particules de la matière, ont été exécutées, et ont produit autant d'espèces différentes. D'autres particules, jointes à celles-là, ont donné naissance à de nouvelles combinaisons, et conséquemment à de nouvelles espèces. Par là, tous les vides ont été remplis, toutes les places ont été occupées. » (Bonnet, *Principes philosophiques sur la cause première*, etc., page 227).

irrégulières, les êtres anomaux cesseront dès lors de nous étonner, et se trouveront aussi nécessairement que les autres dans l'ordre infini des choses; ils remplissent les intervalles de la chaîne, ils en forment les nœuds, les points intermédiaires, ils en marquent aussi les extrémités [1]. »

Buffon se trompe. Sans doute, *tout ce qui peut être, est;* mais tout peut-il être? Évidemment, non. Toutes les combinaisons ne sont pas possibles; certains organes s'appellent, d'autres s'excluent; un estomac de carnivore exclut nécessairement des dents d'herbivore, etc.; et si toutes les combinaisons d'organes ne sont pas possibles, tous les êtres ne le sont donc pas : il y a des interruptions, des lacunes, des *discontinuités* obligées, et la grande loi de la *corrélation des parties*, posée par M. Cuvier, est la réfutation démontrée de la prétendue *continuité* de l'échelle des êtres [2].

III. — Influence du développement de chaque organe sur la nature des différentes espèces.

J'arrive à la troisième des lois générales, puisées par Buffon dans l'anatomie.

Ici la marche de Buffon est tout expérimentale;

1. Tome V, page 102.
2. Voyez mon *Histoire des travaux de G. Cuvier*.

et cette marche le conduit aux principes les plus élevés de la physiologie comparée[1].

Il commence par établir « que ce n'est qu'en comparant que nous pouvons juger, et que nos connaissances roulent même entièrement sur les rapports que les choses ont avec celles qui leur ressemblent ou qui en diffèrent[2]. » Suivant donc cette marche de la *comparaison des choses*, « et sans vouloir d'abord raisonner sur les causes, se bornant à constater les effets[3], » il voit les animaux différer entre eux par leur enveloppe, surtout par les extrémités de cette enveloppe, et les parties intérieures qui font le fondement de l'économie animale, rester au contraire à peu près les mêmes dans l'homme et *dans les animaux qui ont de la chair et du sang*[4] : ces parties sont donc

1. « Ses idées (les idées de Buffon) concernant l'influence qu'exercent la délicatesse et le degré de développement de chaque organe sur la nature des diverses espèces sont des idées de génie, qui feront désormais la base de toute histoire naturelle philosophique, et qui ont rendu tant de services à l'art des méthodes, qu'elles doivent faire pardonner à leur auteur le mal qu'il a dit de cet art. » (Cuvier, *Biographie universelle*, article *Buffon*).

2. Tome IV, page 3.

3. Tome IV, page 6.

4. Expressions de Buffon (Tome IV, page 9). Les vues de Buffon ne s'étendent, je l'ai déjà dit, qu'aux animaux vertébrés : ce sont les animaux qu'il désigne par ces mots : *les animaux qui ont de la chair et du sang*.

les plus essentielles, puisqu'elles sont les plus constantes, les moins sujettes à varier.

« En prenant, dit-il, le cœur pour centre dans la machine animale, je vois que l'homme ressemble parfaitement aux animaux[1] par l'économie de cette partie et des autres qui en sont voisines: mais plus on s'éloigne de ce centre, plus les différences deviennent considérables, et c'est aux extrémités qu'elles sont les plus grandes ; et lorsque, dans ce centre même, il se trouve quelque différence, l'animal est alors infiniment plus différent de l'homme ; il est, pour ainsi dire, d'une autre nature, et n'a rien de commun avec les espèces d'animaux que nous considérons[2]..... Une légère différence dans ce centre de l'économie animale est toujours accompagnée d'une différence infiniment plus grande dans les parties extérieures[3]. »

Voilà donc la *subordination* des parties extérieures aux parties centrales clairement établie. Mais Buffon ne s'arrête pas là : dans l'enveloppe même, il y a aussi des parties plus

1. Entendez toujours les *animaux vertébrés*, et particulièrement ici les *quadrupèdes* et les *oiseaux*.

2. Tome IV, page 11. *N'a rien de commun :* s'il n'y a rien de commun, il n'y a donc pas de *dessein suivi*, ou plutôt, et à parler plus exactement, il n'y a pas *un seul dessein suivi*.

3. Tome IV, page 12.

constantes les unes que les autres ; les sens, surtout certains sens, ne manquent jamais[1] ; le cerveau ne manque pas plus que les sens, car il est l'origine des sens[2] : « Les insectes mêmes, dit Buffon, qui diffèrent si fort par le centre de l'économie animale, ont une partie, dans la tête, analogue au cerveau, et des sens dont les fonctions sont semblables à celles des autres animaux[3]. » Et de cela seul il pouvait conclure, conformément à son excellent principe, que *les parties les plus constantes sont les plus essentielles*, que le cerveau était plus essentiel que le cœur, puisqu'il avait plus de constance[4]. Mais cette belle remarque ne devait être faite que longtemps après lui ; elle ne l'a été que par

1. Tome IV, page 13.
2. Tome IV, page 14.
3. Tome IV, page 14.
4. Il venait de dire : « Dans la plupart des insectes, l'organisation de cette principale partie de l'économie animale (du cœur) est singulière : au lieu de cœur et de poumons, on y trouve des parties qui servent de même aux fonctions vitales, et que, par cette raison, l'on a regardées comme analogues à ces viscères, mais qui réellement en sont très différentes, tant par la structure que par le résultat de leur action : aussi les insectes diffèrent-ils, autant qu'il est possible, de l'homme et des autres animaux. » (Tome IV, page 12). *Et des autres animaux* : quand Buffon dit seulement *les animaux*, il entend seulement les *animaux vertébrés*, et particulièrement les *quadrupèdes* et les *oiseaux*. J'ai fait assez souvent cette remarque pour n'y plus revenir.

M. Cuvier, et même que par M. Cuvier parvenu à la seconde moitié de sa vie[1].

Au reste, tout est ici de génie. « Le cerveau et les sens, dit Buffon, forment une seconde partie essentielle à l'économie animale: le cerveau est le centre de l'enveloppe, comme le cœur est le centre de la partie intérieure de l'animal[2]. » Il venait d'établir la *subordination* des organes; il marque ici, et tout aussi sûrement qu'on l'a fait par la suite, la division des deux vies, et le centre particulier de chacune. On dirait des pages dérobées à la science future des Bichat et des Cuvier.

Enfin, il arrive à la prééminence relative de chaque sens dans les différentes espèces; et ce qu'il écrit là-dessus peut être donné, presque partout, comme le modèle d'une analyse expérimentale aussi délicate que neuve.

Il remarque que les animaux ont les sens excellents, et que cependant ils ne les ont pas tous aussi bons que l'homme; il observe même que les degrés d'excellence des sens suivent dans

1. Voyez mon *Histoire des travaux de G. Cuvier.*

2. Tome IV, pag. 14. Il avait déjà dit: « Revêtons la partie intérieure d'une enveloppe convenable, c'est-à-dire donnons-lui des sens et des membres, bientôt la vie animale se manifestera; et plus l'enveloppe contiendra de sens, de membres et d'autres parties extérieures, plus la vie animale nous paraîtra complète, et plus l'animal sera parfait. » (Tome IV, page 9).

l'animal un autre ordre que dans l'homme ; et de là cette distinction lumineuse des sens relatifs à l'appétit, à l'instinct, et des sens relatifs à la pensée[1]. « Le sens le plus relatif à la pensée et à la connaissance est, dit-il, le toucher; l'homme a ce sens plus parfait que les animaux. L'odorat est le sens le plus relatif à l'instinct, à l'appétit ; l'animal a ce sens infiniment meilleur que l'homme : aussi l'homme doit plus connaître qu'appéter, et l'animal doit plus appéter que connaître. Dans l'homme, le premier des sens, pour l'excellence, est le toucher, et l'odorat est le dernier ; dans l'animal, l'odorat est le premier des sens, et le toucher est le dernier : cette différence est relative à la nature de l'un et de l'autre[2]. » Après avoir comparé l'homme aux quadrupèdes, il compare l'homme et les quadrupèdes aux oiseaux. Dans l'homme, le sens du toucher est le premier ; dans le quadrupède, c'est l'odorat ; dans l'oiseau, c'est la vue[3] ; et, dans chacun de ces êtres, les sensations dominantes suivent le même ordre. « L'homme, dit Buffon, sera plus ému par les impressions du toucher, le quadrupède par celles de l'odorat, et l'oiseau par celles de la vue ; la plus grande partie de leurs

1. Tome IV, page 36.
2. Tome IV, page 31.
3. *Oiseaux*, tome I, page 48.

jugements, de leurs déterminations, dépendront de ces sensations dominantes; celles des autres sens, étant moins fortes et moins nombreuses, seront subordonnées aux premières, et n'influeront qu'en second sur la nature de l'être[1]. »

Et comme si, dans ces vues de génie, Buffon ne devait rien oublier de ce qui tient à la grande loi de la *prééminence relative* des organes, il remarque « que le cerveau, siége du sens intérieur matériel, est dans l'homme comme dans l'animal, et que même relativement au volume du corps, il y est d'une plus grande étendue[2]. »

On voit maintenant quelles sont les lois générales que Buffon a dues à l'anatomie; et non seulement quelles sont ces lois, mais comment il les a conçues, mais jusqu'à quel point il les a conduites. La première règle de la critique est de juger les opinions d'un auteur par la science de son époque. On reconnaît bien vite alors que ses généralisations ne sont jamais que des généralisations relatives. Buffon pose l'*uniformité de plan* et les *nuances graduées* comme deux lois générales; mais il n'a connu qu'une partie du règne animal, et ce n'est aussi que relativement à cette partie du règne animal qu'il a connue, que

1. *Oiseaux*, tome I, page 49.
2. Tome IV, page 33.

ces deux lois sont générales et vraies. L'erreur n'est donc pas à Buffon, qui a posé de grandes lois, dans les limites où il les a posées aussi vraies que grandes. L'erreur est à ceux qui, venant aujourd'hui, oublient ces limites et veulent appliquer au règne animal entier les lois que Buffon n'avait données que pour une partie de ce règne.

IV. — De quelques autres vues de Buffon sur l'économie animale.

Je trouve dans Buffon tous les premiers germes de la grande physiologie.

Ici, il distingue, dans le corps animal, des *matières actives*, et, par une vue de génie, il place ces *matières actives* dans les parties sensibles, dans le système nerveux, dans les nerfs, c'est-à-dire dans les parties mêmes qui sont en effet, comme nous le savons tous aujourd'hui, l'organe primordial, le siége du principe actif de la vie [1].

« Le corps animal est composé, dit-il, de plu-

1. Voyez mes *Recherches expérimentales sur les propriétés et les fonctions du système nerveux dans les animaux vertébrés* (seconde édition, Paris, 1842) : ouvrage où je fais voir que toutes les parties du corps animal tiennent au système nerveux, et toutes les parties du système nerveux à une d'entre elles, laquelle constitue le nœud vital du système et le siége du principe, primitif et un, de la vie.

sieurs matières différentes, dont les unes, comme les os, la graisse, le sang, la lymphe, etc., sont insensibles, et dont les autres, comme les nerfs, paraissent être des matières actives, desquelles dépendent le jeu de toutes les parties, et l'action de tous les membres .

Plus loin, il revient, par une vue nouvelle, à la distinction de la vie animale et de la vie organique ; et l'état de sommeil, comparé à l'état de veille, lui donne les deux lois opposées de ces deux vies : l'*intermittence d'action* de l'une, et la *continuité d'action* de l'autre.

« La partie, dit-il, qui est en action pendant le sommeil, est aussi en action pendant la veille : cette partie est donc d'une nécessité absolue, puisque l'animal ne peut exister d'aucune façon sans elle ; cette partie est indépendante de l'autre, puisqu'elle agit seule ; l'autre, au contraire, dépend de celle-ci, puisqu'elle ne peut seule exercer son action [2]... Nous pouvons donc distinguer dans l'économie animale deux parties, dont la première agit perpétuellement sans aucune interruption, et la seconde n'agit que par intervalles. L'action du cœur et des poumons dans l'animal qui respire, l'action du cœur dans

1. Tome III, page 352.
2. Tome IV, page 6.

le fœtus, paraissent être cette première partie de l'économie animale : l'action des sens et le mouvement du corps et des membres semblent constituer la seconde [1]... Si nous réduisons l'animal, même le plus parfait, à cette partie qui agit seule et continuellement..., il nous paraîtra, quant aux fonctions extérieures, presque semblable au végétal..., il possédera une vie végétale; mais il sera privé de mouvement progressif, d'action, de sentiment, et il n'aura aucun signe extérieur, aucun caractère apparent de vie animale [2]. »

Enfin, dans une de ses inspirations les plus heureuses, il nous expose, sur les forces de la vie, les idées les plus élevées.

« Les vrais ressorts de notre organisation, dit-il, ne sont pas ces muscles, ces veines, ces artères, ces nerfs que l'on décrit avec tant d'exactitude et de soin ; il réside, comme nous l'avons dit, des forces intérieures dans les corps organisés, qui ne suivent point du tout les lois de la mécanique grossière que nous avons imaginée, et à laquelle nous voudrions tout réduire : au lieu de chercher à connaître ces forces par leurs effets, on a tâché d'en écarter jusqu'à l'idée, on a voulu les bannir de la philosophie; elles ont reparu ce-

1. Tome IV, page 7.
2. Tome IV, page 9.

pendant, et avec plus d'éclat que jamais, dans la gravitation, dans les affinités chimiques, dans les phénomènes de l'électricité, etc.; mais, malgré leur évidence et leur universalité, comme elles agissent à l'intérieur, comme nous ne pouvons les atteindre que par le raisonnement, comme, en un mot, elles échappent à nos yeux, nous avons peine à les admettre, nous voulons toujours juger par l'extérieur, nous nous imaginons que cet extérieur est tout, il semble qu'il ne nous soit pas permis de pénétrer au delà, et nous négligeons tout ce qui pourrait nous y conduire [1]. »

Les forces de la vie sont la vie même; nos organes ne sont que la matière dans laquelle ces forces agissent; et mes nouvelles expériences sur le *développement des os* [2] le font bien voir.

Tout change dans l'*os* pendant qu'il s'accroît. Cet os que je considère n'a, dans ce moment, aucune des parties qu'il avait il y a quelque temps; et, dans quelque temps, il n'aura aucune de celles qu'il a maintenant. Toute sa matière change, et dans cette *mutation continuelle* [3] deux choses seules restent : la force et la forme.

1. Tome II, page 486.

2. Voyez ma *Théorie expérimentale de la formation des os*, Paris, 1847.

3. Voyez ma théorie de la *mutation continuelle* de la matière dans ma *Théorie expérimentale de la formation des os*.

« Ce qu'il y a de plus constant, de plus inaltérable dans la nature, dit Buffon lui-même, c'est l'empreinte ou le moule de chaque espèce; ce qu'il y a de plus variable et de plus corruptible, c'est la substance[1]. »

Comme je l'ai dit ailleurs : « Toutes les parties de l'os paraissent et disparaissent; toutes sont, successivement, formées et résorbées : la matière ne possède donc pas en propre les forces de la vie, elle n'en est que *dépositaire*[2]; » en un mot, la matière passe et les forces restent; et la suprématie des *forces* sur la *matière*, cette grande et permanente vue des bons esprits, est désormais un fait prouvé par l'expérience.

1. Tome VI, page 86.

2. Voyez ma *Théorie expérimentale de la formation des os*, page 127.

CHAPITRE III.

SYSTEME DE BUFFON SUR LA GÉNÉRATION.

Nous avons vu les idées positives de Buffon sur l'économie animale. Voici son système.

Ce que je remarque d'abord, c'est que Buffon, à côté d'une théorie positive, met presque toujours un système : à côté de sa théorie de la terre, il met ses hypothèses sur la formation des planètes ; à côté de ses idées expérimentales sur l'économie animale, il met son système sur la génération.

Il met ces choses à côté les unes des autres et ne les confond pas ; au contraire, il a grand soin de les séparer. Il commence son discours sur la formation des planètes par ces paroles : «Nous nous refusons d'autant moins à publier ce que nous avons pensé sur cette matière, que nous espérons par là mettre le lecteur plus en état de prononcer sur la grande différence qu'il y a entre une hypothèse où il n entre que des possibilités, et une théorie fondée sur des faits ; entre un système tel que nous allons en donner un dans cet article sur la formation et le premier état de la terre, et une histoire physique de son état actuel, telle que nous venons de la donner dans le discours précédent[1]. »

Il commence l'exposition de son système sur la génération par déclarer nettement qu'*il cherche une hypothèse* [2].

Buffon lie Descartes à Newton. Il fait encore des hypothèses et des systèmes comme Descartes; mais déjà il sépare l'expérience des hypothèses, et c'est un pas, un grand pas vers Newton, vers ce Newton qu'il a traduit, et qui, le premier des hommes, a eu la force de s'en tenir à l'expérience.

Buffon a traduit Newton, il a traduit Hales, et il a écrit les phrases qui suivent : « En fait de physique, on doit rechercher autant les expériences que l'on doit craindre les systèmes... C'est par des expériences fines, raisonnées et suivies que l'on force la nature à découvrir son secret; toutes les autres méthodes n'ont jamais réussi, et les vrais physiciens ne peuvent s'empêcher de regarder les anciens systèmes comme d'anciennes rêveries, et sont réduits à lire la plupart des nouveaux comme on lit les romans... Il ne s'agit pas,

1. Tome I, page 129.

2. « Cherchons donc une hypothèse qui n'ait aucun des défauts dont nous venons de parler... » (Tome II, page 33).

pour être physicien, de savoir ce qui arriverait dans telle ou telle hypothèse..., il s'agit de bien savoir ce qui arrive, et de bien connaître ce qui se présente à nos yeux ; la connaissance des effets nous conduira insensiblement à celle des causes, et l'on ne tombera plus dans les absurdités qui semblent caractériser tous les systèmes. En effet, l'expérience ne les a-t-elle pas détruits successivement ?... Amassons donc toujours des expériences, et éloignons-nous de tout esprit de système [1]... »

Buffon tient à deux époques, à deux esprits, à deux philosophies opposées. Il a, de la philosophie de Descartes, le goût des hypothèses ; il a, de la philosophie de Newton, le respect de l'expérience. Et voilà pourquoi l'on trouve dans Buffon, touchant ce qu'il y a de plus fondamental dans la science, touchant la méthode, les idées les plus sages, les plus saines, les plus sévères même, et, tout à côté de ces idées, des systèmes.

Je vais examiner le *système sur la génération ;* et ce que j'y cherche, c'est beaucoup moins l'opinion particulière de Buffon sur le mystère à jamais impénétrable de la génération, que Buffon lui-même, c'est-à-dire que Buffon s'offrant à nous

1. Préface de la traduction de la *Statique des végétaux*, de Hales, page 8.

par un nouveau côté, que Buffon s'offrant à nous quand il imagine un système.

Quatre idées principales, ou plus exactement, quatre hypothèses réunies constituent le système de Buffon. La première est l'hypothèse des *germes accumulés* ; la seconde est celle des *moules intérieurs* ; la troisième est celle des *molécules organiques* ; la quatrième est l'hypothèse, fort ancienne, mais renouvelée par lui, des *générations spontanées*.

I. — Hypothèse des germes accumulés.

« Sans nous attacher, dit Buffon, à la génération de l'homme ou à celle d'une espèce particulière d'animal, voyons, en général, les phénomènes de la reproduction ; rassemblons des faits pour nous donner des idées [1] et faisons l'énumération des différents moyens dont la nature fait usage pour renouveler les êtres organisés. Le premier moyen, et le plus simple de tous, est de rassembler dans un être une infinité d'êtres organiques semblables, et de composer tellement sa sub-

1. « Rassemblons des faits pour nous donner des idées. » Je prie que l'on remarque ces paroles, et je les rappellerai plus d'une fois, car elles sont l'expression du procédé le plus habituel de Buffon : il rassemble, il combine des faits *pour se donner des idées*.

stance, qu'il n'y ait pas une seule partie qui ne contienne un germe de la même espèce, et qui, par conséquent, ne puisse elle-même devenir un tout semblable à celui dans lequel elle est contenue.» — « Cet appareil, continue-t-il, paraît d'abord supposer une dépense prodigieuse et entraîner la profusion ; cependant ce n'est qu'une magnificence assez ordinaire à la nature, et qui se manifeste même dans des espèces communes et inférieures, telles que sont les vers, les polypes, les ormes, les saules, les groseilliers et plusieurs plantes et insectes dont chaque partie contient un tout, qui, par le seul développement, peut devenir une plante ou un insecte[1]. »

On voit assez quels sont ici les faits sur lesquels Buffon s'appuie. Au moment où il imaginait son système, Trembley venait de publier ses expériences sur les polypes, Bonnet publiait ses expériences sur les vers d'eau douce. Des polypes, des vers avaient été coupés par morceaux, et chaque morceau avait reproduit un ver, un polype entier. Tous les esprits étaient occupés de ces étonnantes merveilles. Buffon vit ces beaux faits ; et, presque aussitôt, il y vit le premier anneau de toute une nouvelle chaîne d'idées, de tout un nouveau système ; mais il n'y vit ce premier an-

1. Tome II, page 18.

neau de toute une nouvelle chaîne d'idées, que parce qu'il substitua au fait l'interprétation du fait.

Quand Buffon dit qu'il y a « une infinité d'êtres organiques semblables, » quand il dit que « chaque partie contient un germe de la même espèce, » il croit ne dire que le fait; mais ce qu'il dit, c'est la manière dont il conçoit le fait; et cette distinction est ici capitale.

Quand je dis qu'un polype étant coupé par morceaux, chaque morceau reproduit un polype entier, je dis le fait. Mais quand j'ajoute qu'il y a une *infinité d'êtres organiques semblables*, qu'il y a autant de *germes que de parties* [1], je dis la manière dont je conçois le fait. A l'idée de *reproduction*, qui m'est donnée par le fait, j'ajoute l'idée *d'êtres organiques semblables*, l'idée de *germes*, qui ne m'est donnée que par mon esprit : car d'où sais-je qu'il y a une infinité *d'êtres organiques semblables?* d'où sais-je qu'il y a des *germes?*

Je coupe la tête à un ver, et ce ver reproduit sa tête; je lui coupe la queue, et il reproduit sa queue; je lui coupe la tête et la queue, et il reproduit une tête et une queue. Il y a donc non seulement des *germes*, mais des *parties de ger-*

1. Ou, ce qui revient au même, que *chaque partie contient un germe de la même espèce.*

mes, des *germes* qui contiennent précisément ce qu'on coupe, et qui ne contiennent que ce qu'on coupe [1].

Je coupe à une salamandre un pied, une main, et elle reproduit un pied et une main; je lui coupe un bras, et elle reproduit un bras tout entier; je lui coupe une jambe, et elle reproduit une jambe tout entière. Il y a donc des germes qui ne contiennent que des pieds, que des mains; et il y en a d'autres qui contiennent non seulement des mains et des pieds, mais un bras, un avant-bras, une main, ou une cuisse, une jambe, un pied.

Bonnet a coupé jusqu'à six et sept fois de suite à une salamandre le même membre, et cette salamandre a reproduit jusqu'à six et sept fois de suite le même membre [2]. Il y a donc, pour chaque partie, plusieurs germes, et toujours les germes

1. Bonnet dit sérieusement: « .... N'est-ce point qu'il existe dans toute l'étendue de la jambe des germes qu'on pourrait appeler *réparateurs*, et qui ne contiennent précisément que ce qu'il s'agit de remplacer? » (Bonnet, tome VII, page 267).

2. Tome V, partie I, page 342. Spallanzani l'avait précédé pour la plupart de ces faits sur les salamandres : *Prodromo di un opera sopra le riproduzioni animali.* Bonnet a vu un ver repousser successivement douze têtes (Tome III, page 150). J'ai répété moi-même toutes ces expériences, particulièrement celles sur les salamandres. Voyez mes *Recherches expérimentales sur les propriétés et les fonctions du système nerveux*, 2e édition, 1842, page 421.

qu'il faut, des germes qui ne reproduisent jamais que les parties que l'on coupe [1].

Mais que sont de tels germes ? Que sont des germes qu'on suppose de toutes les façons, pour répondre à toutes les circonstances des faits ?

« En considérant, dit Buffon, sous ce point de vue, les êtres organisés et leur reproduction, un individu n'est qu'un tout uniformément organisé dans toutes ses parties intérieures, un composé d'une infinité de figures semblables et de parties similaires, un assemblage de germes ou de petits individus de la même espèce, lesquels peuvent tous se développer de la même façon, suivant les circonstances, et former de nouveaux touts composés comme le premier [2]. »

Selon Buffon, l'individu n'est donc que la répétition indéfinie de lui-même [3] ; l'individu n'est

1. «.... Il est très manifeste, dit encore Bonnet et toujours très sérieusement (car il ne s'aperçoit pas qu'il accommode ses prétendus *germes* à tous les besoins de ses expériences), que le bout qui est l'antérieur dans un tronçon quelconque aurait pu devenir le postérieur, si la section avait été faite dans un autre point ; le hasard seul en a décidé. Il y a donc, à chaque bout, un germe de tête et un germe de queue... » (Tome III, page 245).

2. Tome II, page 19.

3. « Un corps organisé dont toutes les parties seraient semblables à lui-même, comme ceux que nous venons de citer, est un corps dont l'organisation est la plus simple de toutes, car ce n'est que la répétition de la même forme... » (Tome II, page 47).

que l'assemblage de petits individus semblables[1]; un polype n'est qu'un composé d'autres polypes[2]: idée singulière et que les mêmes faits donnent pourtant, presque en même temps, à Buffon et à Bonnet[3], après l'avoir donnée à Réaumur.

Avant Buffon, avant Bonnet, Réaumur avait, en effet, proposé la conjecture des *germes cachés et accumulés;* mais il ne l'avait proposée que pour ce qu'elle est, que pour une conjecture.

« Tout ce que nous pouvons avancer de plus commode et peut-être de plus raisonnable, dit Réaumur dans son beau Mémoire sur la *reproduction des jambes de l'écrevisse*[4], ce serait de supposer que ces petites jambes que nous voyons naître

1. « L'individu total est formé par l'assemblage d'une multitude de petits individus semblables... » (Tome II, page 25).

2. « .... Il paraît plus aisé de concevoir comment un cube de sel marin est nécessairement composé d'autres cubes, que de voir qu'il soit possible qu'un polype soit composé d'autres polypes; mais examinons... » (Tome II, page 21).

3. « Il faut reconnaître, dit Bonnet, que les germes sont répandus universellement dans tout le corps de l'arbre. Cette conséquence est très légitime, puisqu'il ne s'y trouve aucun point d'où il ne puisse sortir, ou d'où l'on ne puisse faire sortir des *radicules* et des *bourgeons...* » (Tome III, page 209). « Les germes de nos vers, dit-il encore, sont répandus dans tout le tronçon. L'expérience le démontre, puisqu'en quelque endroit du tronçon qu'on fasse la section, il reproduit de nouveaux organes. » (Tome III, page 240).

4. *Mémoires sur les diverses reproductions qui se font dans les écrevisses, les homards, les crabes, etc., et, entre autres, sur*

étaient chacune renfermées dans de petits œufs, et qu'ayant coupé une partie de la jambe, les mêmes sucs qui servaient à nourrir et faire croître cette partie sont employés à faire développer et naître l'espèce de petit germe de jambe renfermé dans cet œuf. Quelque commode après tout que soit cette supposition, peu de gens se résoudront à l'admettre. Elle engagerait à supposer encore qu'il n'est point d'endroit de la jambe d'une écrevisse où il n'y ait un œuf qui renferme une autre jambe, ou, ce qui est plus merveilleux, une partie de jambe semblable à celle qui est depuis l'endroit où cet œuf est placé jusqu'au bout de la jambe, de sorte que, quelque endroit de la jambe que l'on assignât, il s'y trouverait un de ces œufs, qui contiendrait une autre partie de jambe que celle qui est contenue dans l'œuf qui est un peu au-dessus ou dans celui qui est un peu au-dessous. Les œufs qui seraient à l'origine de chaque pince, par exemple, ne contiendraient qu'une

celles de leurs jambes et de leurs écailles (*Mémoires de l'Académie des sciences*, année 1712). Ce mémoire est de 1712; les premières expériences de Trembley sur le polype sont de 1740; les premières expériences de Bonnet sur les vers d'eau douce sont de 1741; les premiers volumes de Buffon sont de 1749 : les idées de Bonnet sur les *germes* se trouvent surtout dans ses *Mémoires sur les salamandres*, 1777-78-80, et dans ses *Considérations sur les corps organisés*, 1762.

pince; près du bout des pinces, il en faudrait placer d'autres qui ne continssent que des bouts de pinces. Peut-être aimerait-on mieux croire que chacun de ces œufs contient une jambe entière : mais ne serait-on pas encore plus embarrassé lorsqu'il faudrait rendre raison pourquoi de chacune de ces petites jambes il n'en renaîtrait qu'une partie semblable à celle que l'on a retranchée à l'écrevisse. Ce ne serait pas même assez de supposer qu'il y a un œuf à chaque endroit de la jambe de l'écrevisse, il faudrait y en imaginer plusieurs, et nous ne saurions déterminer combien. Si l'on coupe la nouvelle jambe, il en renaît une autre dans la même place. Enfin, il faudrait encore admettre que chaque nouvelle jambe est, comme l'ancienne, remplie d'une infinité d'œufs qui chacun peuvent servir à renouveler la partie de la jambe qui pourrait lui être enlevée [1]. »

II. — Hypothèse des moules intérieurs.

« De la même facon, dit Buffon, que nous pouvons faire des moules par lesquels nous donnons à l'extérieur des corps telle figure qu'il nous plaît, supposons que la nature puisse faire des moules par lesquels elle donne non seulement la figure

1. *Mémoires de l'Académie des Sciences*, 1712, page 232.

extérieure, mais aussi la forme intérieure : ne serait-ce pas un moyen par lequel la reproduction pourrait être opérée[1] ? »

Je ne m'arrête pas plus que Buffon sur l'espèce de contradiction que présente, au moins dans les termes, l'idée du *moule intérieur*. « On peut nous dire, remarque-t-il lui-même, que cette expression, *moule intérieur*, paraît d'abord renfermer deux idées contradictoires, que celle du moule ne peut se rapporter qu'à la surface, et que celle de l'intérieur doit avoir rapport ici à la masse : c'est comme si on voulait joindre ensemble l'idée de la surface et l'idée de la masse, et on dirait tout aussi bien une surface massive qu'un moule intérieur. J'avoue que, quand il faut représenter des idées qui n'ont pas encore été exprimées, on est obligé de se servir quelquefois de termes qui paraissent contradictoires[2]... »

Je passe donc avec Buffon sur les mots, et je viens à l'idée. Eh bien ! l'idée n'est encore ici, comme pour les *germes accumulés*, que la manière de concevoir le fait substituée au fait, transformée en fait.

Le *moule intérieur* de Buffon est le corps même de l'animal ; et ce corps est un *moule*, parce que

1. Tome II, page 34.
2. Tome II, page 35.

la matière qui s'y ajoute, s'y ajoute dans un ordre constant et déterminé [1].

« Le corps d'un animal, dit Buffon, est une espèce de moule intérieur, dans lequel la matière qui sert à son accroissement se modèle et s'assimile au total [2]... Il nous paraît certain, dit-il encore, que le corps de l'animal ou du végétal est un moule intérieur qui a une forme constante, mais dont la masse et le volume peuvent augmenter proportionnellement, et que l'accroissement, ou, si l'on veut, le développement de l'animal ou du végétal, ne se fait que par l'extension de ce moule dans toutes ses dimensions extérieures et intérieures ; que cette extension se fait par l'intussusception d'une matière accessoire et étrangère qui pénètre dans l'intérieur, qui devient semblable à la forme et identique avec la matière du moule [3]. »

Le *moule intérieur* n'est donc que le corps de l'animal. Et si le corps entier est un *moule*, il faut en dire autant de chaque partie du corps, il faut en dire autant de chaque partie de partie.

1. « Que peut-il y avoir qui prescrive à la matière accessoire cette règle, et qui la contraigne à arriver également et proportionnellement à tous les points de l'intérieur, si ce n'est le moule intérieur ? » (Tome II, page 42).

2. Tome II, page 41.

3. Tome II, page 42.

« ..... Mais ce développement, dit Buffon, si on veut en avoir une idée nette, comment peut-il se faire, si ce n'est en considérant le corps de l'animal, et même chacune de ses parties comme autant de moules intérieurs qui ne reçoivent la matière accessoire que dans l'ordre qui résulte de la position de toutes leurs parties [1]? »

Les *moules intérieurs* ne sont donc que les parties mêmes ou que les *formes données* des parties. « Comme nos corps, dit Buffon, ont une certaine forme que nous avons appelée le *moule intérieur*, les parties organiques, poussées par l'action de la force pénétrante, ne peuvent y entrer que dans un certain ordre relatif à cette forme, ce qui par conséquent ne peut la changer, mais seulement en augmenter toutes les dimensions, tant extérieures qu'intérieures, et produire ainsi l'accroissement des corps organisés et leur développement [2]. »

Il y a un fait, c'est que nos organes croissent et se développent sans changer de forme [3]. Ainsi

1. Tome II, page 42. Le *moule* est la *forme* de chaque partie. « .... Cette matière ne peut opérer la nutrition et le développement qu'en s'assimilant à chaque partie du corps, et en pénétrant intimement la forme de ces parties, que j'ai appelée le *moule intérieur*. » (Tome II, page 420).

2. Tome II, page 46.

3. Du moins par le fait de l'accession de la matière étrangère, de la nutrition : il y a les changements de forme déterminés par

dire que la forme de nos organes, dire que la forme des corps organisés est constante, c'est dire le fait; mais dire que cette forme est un *moule*, mais l'appeler *moule intérieur* parce qu'elle est constante, c'est ajouter au fait la manière dont nous concevons le fait; c'est, pour expliquer un fait, imaginer un mot.

III. — Hypothèse des molécules organiques.

Buffon, qui tient si fort, comme nous avons vu, à l'idée des *germes accumulés*, ne veut pas des *germes préexistants*.

« Il n'y a point de germes préexistants, dit-il, point de germes contenus à l'infini les uns dans les autres [1]... »

Il n'y a pas de germes préexistants : mais qu'est-ce donc que des *germes accumulés ?* Buffon n'a pas le courage de Bonnet; Bonnet va jusqu'au bout : des *germes accumulés*, il passe aux *germes préexistants ;* des *germes accumulés*, qui reproduisent les parties des êtres, il passe aux *germes préexistants* qui reproduisent tout l'être; et, en se jetant résolument dans cette hypothèse, il échappe du moins

l'*évolution* régulière et préfixe des organes, mais dont il ne s'agit pas ici.

1. Tome II, page 426.

à toute autre. Avec l'hypothèse de la *préexistence des germes* tout est fini. Vous demandez comment les êtres se forment, et l'hypothèse vous répond qu'ils sont tout formés. Buffon s'arrête aux *germes accumulés* qui reproduisent les parties ; et, pour la production des êtres, il imagine les *molécules organiques*.

« Il n'y a point de germes préexistants, dit-il, point de germes contenus à l'infini les uns dans les autres, mais il y a une matière organique, toujours active, toujours prête à se mouler, à s'assimiler, et à produire des êtres semblables à ceux qui la recoivent[1]. » — « Il y a dans la nature, dit-il encore, une infinité de parties organiques actuellement existantes, vivantes et dont la substance est la meme que celle des êtres organisés, comme il y a une infinité de particules brutes semblables aux corps bruts que nous connaissons[2]. »

Buffon imagine donc une matière organique toujours active, une infinité de particules vivantes, et, puisqu'il faut tout dire, une infinité de petits êtres organisés.

« Il me paraît très vraisemblable, dit-il, qu'il existe réellement dans la nature une infinité de petits êtres organisés semblables en tout aux

1. Tome II, page 426.
2. Tome II, page 20.

grands êtres organisés qui figurent dans le monde, que ces petits êtres organisés sont composés de parties organiques vivantes[1]... »

Ainsi, les grands êtres organisés qui *figurent dans le monde* sont composés de petits êtres organisés; ces petits êtres organisés sont composés de parties organiques vivantes; la génération, la mort, ne sont que des *changements de forme* : « la reproduction ou la génération, dit Buffon, n'est qu'un changement de forme qui se fait et s'opère par la seule addition des parties semblables, comme la destruction de l'être organisé se fait par la division de ces mêmes parties[2]; » la nutrition, le développement, ne sont qu'une *génération continuée*, c'est-à-dire qu'une *addition nouvelle* de molécules; et les *molécules organiques* suffisent à tout : avec les *molécules organiques*, l'animal se nourrit; avec les *molécules organiques*, il se développe; par les *molecules organiques*, il se reproduit, etc., etc.

« Il suffit de concevoir, dit Buffon, que dans la nourriture que les êtres organisés tirent, il y a des molécules organiques de différentes espèces; que, par une force semblable à celle qui produit la pesanteur, ces molécules organiques pénètrent

1. Tome II, page 24.
2. Tome II, page 24.

toutes les parties du corps organisé, ce qui produit le développement et fait la nutrition ; que chaque partie du corps organisé, chaque moule intérieur n'admet que les molécules organiques qui lui sont propres et enfin que, quand le développement et l'accroissement sont presque faits en entier, le surplus des molécules organiques qui y servait auparavant, est renvoyé de chacune des parties de l'individu dans un ou plusieurs endroits, où, se trouvant toutes rassemblées, elles forment par leur union un ou plusieurs petits corps organisés qui doivent être tous semblables au premier individu, puisque chacune des parties de cet individu a renvoyé les molécules organiques qui lui étaient les plus analogues, celles qui auraient servi à son développement s'il n'eût pas été fait, celles qui, par leur similitude, peuvent servir à la nutrition, celles enfin qui ont à peu près la même forme organique que ces parties elles-mêmes[1]. »

On est confondu de voir un aussi beau génie, un esprit si net, se payer d'un mot ; et, parce qu'il dit ce mot[2], s'imaginer qu'il explique un fait.

1. Tome II, page 54.

2. Les *molécules organiques* ne sont qu'un mot que Buffon doue de toutes les propriétés qu'il cherche ; il les suppose donc : *indestructibles*, pour que la nature soit *toujours également vivante ; reversibles*, pour qu'elles puissent passer d'un être à

« Mais, dit Buffon, comment appliquerons-nous ce raisonnement à la génération de l'homme et des animaux qui ont des sexes, et pour laquelle il est nécessaire que deux individus concourent[1] ? » — C'est, répond Buffon, que, dans

l'autre ; *communes aux végétaux et aux animaux*, pour que l'animal puisse se nourrir du végétal, et le végétal des débris de tout ce qui a vécu et végété, etc., etc. « Tout ce qui a vie dans la nature, dit Buffon, vit sur ce qui végète, et les végétaux vivent à leur tour des débris de tout ce qui a vécu et végété ; pour vivre il faut détruire, et ce n'est, en effet, qu en détruisant des êtres que les animaux peuvent se nourrir et se multiplier. Dieu, en créant les premiers individus de chaque espèce d'animal et de végétal, a non seulement donné la forme à la poussière de la terre, mais il l'a rendue vivante et animée, en renfermant dans chaque individu une quantité plus ou moins grande de principes actifs, de molécules organiques vivantes, indestructibles, et communes à tous les êtres organisés. Ces molécules passent de corps en corps, et servent également à la vie actuelle et à la continuation de la vie, à la nutrition, à l'accroissement de chaque individu ; et après la dissolution du corps, après sa destruction, sa réduction en cendres, ces molécules organiques, sur lesquelles la mort ne peut rien, survivent, circulent dans l'univers, passent dans d'autres êtres, et y portent la nourriture et la vie : toute production, tout renouvellement, tout accroissement par la génération, par la nutrition, par le développement, supposent donc une destruction précédente, une conversion de substance, un transport de ces molécules organiques, qui ne se multiplient pas, mais qui, subsistant toujours en nombre égal, rendent la nature toujours également vivante, la terre également peuplée, et toujours également resplendissante de la première gloire de celui qui l'a créée. » (Tome IV, page 437).

1. Tome II, page 55.

l'homme et les animaux qui ont des sexes, « les molécules organiques ne peuvent se réunir et former de petits corps organisés semblables au grand que quand les liqueurs séminales des deux sexes se mêlent[1]. »

Avec les molécules organiques rien n'embarrasse, pas même la question de savoir pourquoi le nouvel être, produit par la réunion de ces molécules, est tantôt une femelle et tantôt un mâle. « Lorsque, dit Buffon, dans le mélange qui se fait des molécules organiques, il se trouve plus de molécules organiques du mâle que de la femelle, il en résulte un mâle ; au contraire, s'il y a plus de particules organiques de la femelle que du mâle, il se forme une petite femelle[2]. »

Chose curieuse ! Buffon imagine les *molécules organiques* pour échapper aux *germes préexistants*, et les *molécules organiques* ne sont que les *germes préexistants*, sous un autre nom. Des *parties organiques, vivantes, indestructibles, reversibles*, de *petits êtres organisés semblables en tout aux grands êtres organisés qui figurent dans le monde*, etc., etc., ne sont évidemment que des germes qui préexistent : seulement, Bonnet suppose ces germes *réunis*, pour chaque espèce, dans

1. Tome II, page 58.
2. Tome II, page 58.

les seuls individus de cette espèce, et Buffon les suppose *répandus* partout.

IV. — Hypothèse des générations spontanées.

Au moment où Buffon reproduisit les *générations spontanées*, elles étaient oubliées, et, selon toutes les apparences, pour toujours oubliées.

Les méprises des anciens étaient trop palpables.

Aristote dit que les *chenilles* viennent des feuilles vertes [1]; les *puces*, d'une légère fermentation qui s'excite dans les ordures [2]; les *poux*, de la chair [3], etc., etc.; plusieurs *poissons*, soit du limon, soit du sable [4], etc. Il dit enfin que « tout corps sec qui devient humide, et tout corps humide qui se sèche, produit des animaux, pourvu qu'il soit susceptible de les nourrir [5]. »

Les travaux de Redi, de Swammerdam, de Vallisneri, avaient depuis longtemps détruit toutes ces erreurs. Redi, le premier, avait montré qu'on trouve jusque dans les *animaux qui vivent dans d'autres animaux* [6] des mâles, des femelles, des

1. *Histoire des Animaux*, traduction de Camus, tome I, page 287.
2. *Ibid.* Tome I, page 309.
3. *Ibid.* Tome I, page 311.
4. *Ibid.* Tome I, page 363.
5. *Ibid.* Tome I, page 313.
6. *Osservazioni intorno agli animali viventi che si trovano negli animali viventi*, 1684.

œufs. Redi, le premier encore, avait montré, et montré par les expériences les plus exactes, que « les vers qui naissent dans les chairs y sont produits par des mouches et non par ces chairs mêmes[1]. »

« Il y a deux cents ans, dit très bien Réaumur, qu'on n'avait point surpris dans leur opération ces mouches qui déposent leurs œufs dans les fruits, et quand on voyait un ver dans une pomme, c'était la corruption qui l'avait engendré. Maintenant il est bien prouvé, au contraire, que le ver est la cause de la corruption du fruit[2]. »

Chose à peine croyable! tant et de si beaux résultats de la science moderne sont entièrement perdus pour Buffon. Les *générations spontanées* sont une conséquence des *molécules organiques*, l'une de ces hypothèses suit de l'autre, et Buffon admet les *générations spontanées*.

« Il y a peut-être, dit-il, autant d'êtres, soit vivants, soit végétants, qui se reproduisent par l'assemblage fortuit des molécules organiques, qu'il y a d'animaux ou de végétaux qui peuvent se reproduire par une succession constante de générations[3]. » — « Plus on observera la nature,

1. *Experienze intorno alla generazione degl' insetti*, 1668, traduction de la Collection académique, tome IV, page 420.

2. *Lettres à un Américain*, lettre VI, page 46.

3. Tome IV, page 335 (*Suppléments*).

dit-il encore, plus on reconnaîtra qu'il se produit en petit beaucoup plus d'êtres de cette façon (par la génération spontanée) que de toute autre. On s'assurera de même que cette manière de génération est non seulement la plus fréquente et la plus générale, mais la plus ancienne, c'est-à-dire la première et la plus universelle [1]. »

Ici Buffon semble avoir pris à tâche de reproduire toutes les méprises des anciens. Selon lui, les vers de terre, les champignons, etc., n'existent que par génération spontanée. « Dès que les molécules organiques, dit-il, se trouvent en liberté dans la matière des corps morts et décomposés, dès qu'elles ne sont point absorbées par le moule intérieur des êtres organisés qui composent les espèces ordinaires de la nature vivante ou végétante, ces molécules, toujours actives, travaillent à remuer la matière putréfiée, elles s'en approprient quelques particules brutes, et forment, par leur réunion, une multitude de petits corps organisés, dont les uns, comme les vers de terre, les champignons, etc., paraissent être des animaux ou des végétaux assez grands, mais dont les autres, en nombre presque infini, ne se voient qu'au microscope ; tous ces corps n'existent que par une génération spontanée [2]... »

1. Tome IV, page 357 (*Suppléments*).
2. Tome IV, page 339 (*Suppléments*).

Si le ver de terre, si les champignons sont produits par génération spontanée, à plus forte raison les animaux qui vivent dans les autres animaux, les *ténias*, les *lombrics*, les *douves*, etc., le seront-ils aussi. « La génération spontanée, dit Buffon, s'exerce constamment et universellement après la mort, et quelquefois aussi pendant la vie... Les molécules surabondantes qui ne peuvent pénétrer le moule intérieur de l'animal pour sa nutrition cherchent à se réunir avec quelques parties de la matière brute des aliments, et forment, comme dans la putréfaction, des corps organisés ; c'est là l'origine des ténias, des ascarides, des douves et de tous les autres vers qui naissent dans le foie, dans l'estomac, les intestins, et jusque dans le sinus des veines de plusieurs animaux ; c'est aussi l'origine de tous les vers qui leur percent la peau [1]... »

Mais ce n'est pas tout : Buffon s'anime de plus en plus, et croit bientôt découvrir et voir les *molécules organiques*, les *particules vivantes*. « Mon premier soupçon, dit-il, fut que les animaux spermatiques que l'on voyait dans la liqueur séminale pouvaient bien n'être que ces parties organiques [2]. » — « Ces prétendus animaux, dit-il encore, ne sont tout au plus que

1. Tome IV, page 341 (*Suppléments*).
2. Tome II, page 168.

l'ébauche d'un être vivant, ou, pour le dire plus clairement, ces prétendus animaux ne sont que les parties organiques vivantes dont nous avons parlé [1]. » — « Les anguilles de la colle de farine, dit-il enfin, celles du vinaigre, tous les prétendus animaux microscopiques ne sont que des formes différentes que prend d'elle-même, et suivant les circonstances, cette matière toujours active et qui ne tend qu'à l'organisation [2]. »

On voit tout ce que Buffon se permet de suppositions, de substitutions de mots aux faits, de méprises visibles, pour son système : il imagine, d'abord, les *germes accumulés,* les *molécules organiques,* les *moules intérieurs ;* puis, il admet les *générations spontanées ;* il prend, enfin, de vrais animaux (les *animaux spermatiques,* les *animaux infusoires*) pour de prétendues *particules vivantes*, etc., etc.

Ah ! ce n'est pas ainsi que se font les vraies théories : les vraies théories se font d'elles-mêmes. Au contraire, tout dans le système de Buffon, est de l'esprit de Buffon. La vraie théorie n'est que l'enchaînement naturel des faits qui, dès qu'ils sont assez nombreux, se touchent et se lient les uns aux autres par leur seule vertu propre.

1. Tome II, page 60.
2. Tome IV, page 343 (*Suppléments*).

« Le temps viendra peut-être, dit Fontenelle, que l'on joindra en un corps régulier ces membres épars ; et, s'ils sont tels qu'on le souhaite, ils s'assembleront en quelque sorte d'eux-mêmes. Plusieurs vérités séparées, dès qu'elles sont en assez grand nombre, offrent si vivement à l'esprit leurs rapports et leur mutuelle dépendance, qu'il semble qu'après les avoir détachées par une espèce de violence les unes des autres, elles cherchent naturellement à se réunir [1]. »

1. *Préface sur l'utilité des sciences*, etc.

CHAPITRE IV.

IDÉES DE BUFFON SUR LA DÉGÉNÉRATION DES ANIMAUX ET SUR LA MUTABILITÉ DES ESPÈCES.

I. — Idées de Buffon sur la dégénération des animaux.

Un des beaux chapitres du grand ouvrage que j'étudie est celui qui traite de la *dégénération des animaux*.

Et je remarque qu'il y a encore ici deux parties : une partie expérimentale et une partie toute de système.

Voyons d'abord la partie expérimentale.

Trois causes principales, le climat, la nourriture et la domesticité, produisent le changement, l'altération, la dégénération dans les animaux.

Buffon démêle et suit les effets de ces trois causes sur la plupart des espèces, et particulièrement sur les espèces que nous connaissons le mieux, sur les espèces domestiques.

La *brebis*, comparée au mouflon dont elle est issue, nous offre des changements très marqués. Le mouflon, grand, léger, armé de cornes défensives, couvert d'un poil rude, ne craint ni l'inclémence de l'air, ni la voracité du loup ; nos brebis ne peuvent se défendre même par le nombre, elles ne soutiendraient pas sans abri le froid de nos hivers, toutes périraient si l'homme cessait de les soigner et de les protéger, leur poil rude s'est changé en une laine fine [1], leur queue s'est chargée d'une masse de graisse, plusieurs ont perdu leurs cornes ; enfin, dit Buffon, « de toutes les qualités du mouflon, il ne reste rien à nos brebis, rien à notre bélier, qu'un peu de vivacité, mais si douce qu'elle cède encore à la houlette d'une bergère [2]. »

L'espèce de la *chèvre,* quoique fort dégénérée aussi, l'est pourtant moins que celle de la brebis. Les variétés de nos chèvres domestiques se distinguent entre elles par la taille, par la longueur, la couleur, la finesse du poil, par la direction, la grandeur, et même le nombre des cornes : il y a des boucs, comme des béliers, à quatre cornes.

Le *bœuf* varie d'abord sous l'influence de la nourriture : un bœuf, nourri dans une contrée où le pâturage est riche, acquiert le double du vo-

1. Voyez, sur les deux espèces de poils qu'ont tous les animaux sauvages, le *poil laineux*, et le *poil soyeux*, mon *Résumé analytique des observations de F. Cuvier sur l'instinct et l'intelligence des animaux*. Seconde édition. Paris, 1845, page 105.

2. Tome XIV, page 319.

lume d'un bœuf nourri dans un pays sec ; il varie ensuite sous l'influence du climat : les races de la zone torride portent une loupe sur les épaules ; le *zébu*, le *bœuf à bosse*, n'est, en effet, qu'une *variété*, qu'une *race* de notre bœuf domestique.

Tout le monde sait combien nos *chevaux* diffèrent les uns des autres par la couleur, par la taille, par les formes de la tête, etc.

Le *lapin* varie par sa grandeur, par la couleur, par la quantité, par la qualité de son poil, etc.

Le *sanglier*, devenu domestique, a pris des oreilles à demi pendantes ; sa couleur a passé du noir au blanc, au rouge, etc., etc.

La couleur des animaux est, de tous leurs caractères, le plus variable. Leur couleur originaire est, en général, fauve ou noire. Le chien, le bœuf, la chèvre, la brebis, le cheval domestiques, ont pris toutes sortes de couleurs ; le cochon, comme je viens de le dire, a changé du noir au blanc ; et même le blanc, le blanc pur, paraît être, en ce genre, le signe du dernier degré de dégénération. On le voit par les hommes qu'on nomme *albinos*. Il y a aussi des *albinos* dans les animaux. Il y a des éléphants, des cerfs, des daims, des guenons, des taupes, des souris, des lapins, etc., qui sont absolument blancs. Tous ces *albinos*, comme les *albinos* de l'espèce humaine, ont les yeux rouges, l'oreille dure, etc. Une mutation inverse change la couleur de quelques espèces du fauve au noir ; il y a des *panthères* dont tout le pelage est noir [1]. Le simple changement de saison fait passer le lièvre des climats froids, du gris, qui est sa couleur d'été, au blanc, qui est sa couleur d'hiver [2], etc.

Le *chien* est l'animal dont l'espèce a subi les altérations les plus profondes : nu dans les pays chauds, couvert d'un poil épais et rude dans les contrées du Nord, paré d'une belle robe soyeuse en Espagne, en Syrie, il varie encore plus par la taille, par la forme du crâne, par celle du cerveau, par l'intelligence, par la voix ; le chien sauvage, ou des peuples grossiers, est presque muet. « La voix de ces animaux, dit Buffon, a subi, comme tout le reste, d'étranges mutations ; il semble que le chien soit devenu criard avec l'homme, qui, de tous les êtres qui ont une langue, est celui qui en use et abuse le plus [3]. »

1. *Felis melas*. « Ces individus noirs ne forment pas une espèce ; on en a vu plus d'une fois de noirs et de fauves, allaités par la même mère. » (Cuvier : *Règne animal*, etc., tome I, page 162). — « Il y a aussi, dans l'espèce du jaguar, des individus noirs dont les taches, d'un noir plus profond, ne se voient qu'à une certaine exposition. » (Cuvier : *Règne animal*, etc., tome I, page 162).

2. De là lui est venu le nom de *Lepus variabilis*.

3. Tome XIV, page 323.

II. — Idées de Buffon sur la mutabilité des espèces.

Rien n'est plus intéressant que le tableau tracé par Buffon de la dégénération des espèces [1]. Mais cédant toujours au besoin qu'il a d'agrandir son horizon et d'étendre sa vue, il quitte bientôt cette belle et solide étude expérimentale pour se livrer à toutes les séductions d'un système.

« Après le coup d'œil que l'on vient de jeter sur ces variétés qui nous indiquent les altérations particulières de chaque espèce, il se présente, dit-il, une considération plus importante et dont la vue est bien plus étendue, c'est celle du changement des espèces mêmes, c'est cette dégénération plus ancienne et de tout temps immémoriale, qui paraît s'être faite dans chaque famille, ou, si l'on veut, dans chacun des genres sous lesquels on peut comprendre les espèces voisines et peu différentes entre elles [2]. »

« En comparant ainsi, dit-il encore, tous les animaux, et les rappelant chacun à leur genre, nous trouverons que les deux cents espèces dont nous avons donné l'histoire peuvent se réduire à

1. Bien qu'il se trompe sur plus d'un fait particulier, comme. par exemple, lorsqu'il attribue les bosses du *chameau* à l'action de la domesticité, etc., etc.

2. Tome XIV, page 335.

un assez petit nombre de familles ou souches principales desquelles il n'est pas impossible que toutes les autres soient issues [1]. »

Il établit donc, d'une part, neuf espèces qu'il regarde comme isolées; et, de l'autre, quinze genres principaux, souches primitives d'où il tire, à sa manière, tous les animaux qui lui sont connus.

Les neuf espèces isolées sont : l'éléphant, le rhinocéros, l'hippopotame, la girafe, le chameau, le lion, le tigre, l'ours et la taupe.

Or, une première remarque à faire, c'est que la plupart de ces espèces, *isolées* au temps de Buffon, ne le sont plus aujourd'hui.

Sans compter les espèces fossiles, nous avons deux éléphants vivants : l'éléphant d'Asie et celui d'Afrique; nous avons quatre rhinocéros, deux unicornes, celui des Indes et celui de Java, et deux bicornes, celui de Sumatra et celui d'Afrique [2]. Nous connaissons jusqu'à sept ou huit espèces d'ours; deux espèces de taupes, la *taupe commune* et la *taupe aveugle;* le dromadaire est

1. Tome XIV, page 358.

2. « Le rhinocéros, dit Buffon, semble ne différer de lui-même que par le caractère singulier qui le fait différer de tous les animaux, par cette grande corne qu'il porte sur le nez : cette corne est simple dans les rhinocéros de l'Asie et double dans ceux de l'Afrique. » (Tome XIV, page 334). Il prend ici, pour un simple caractère de *variété*, un vrai caractère d'*espèce*.

une espèce très distincte de celle du chameau ; et, pour le lion, pour le tigre, ce sont très certainement deux espèces d'un même genre [1], car le lion et le tigre peuvent se mêler et produire ensemble [2].

Restent la girafe et l'hippopotame dont nous ne connaissons encore, il est vrai, qu'une espèce, mais rien n'empêche qu'il ne puisse y avoir, pour chacun de ces animaux, plus d'une espèce [3] ; et l'unité, l'unité de type, ne peut, en aucun sens, être donnée comme un privilége de leur nature.

La seule espèce qui, pour me servir des expressions de Buffon, «fasse en même temps espèce et genre [4], » la seule vraiment simple, la seule essentiellement une, est l'espèce de l'homme.

Je ne citerai que quelques-uns des quinze genres primitifs supposés par Buffon. Le premier de ces genres comprend le cheval, le zèbre, l'âne, etc. ; le second, les brebis, les chèvres [5], etc. ; un autre, le sanglier avec toutes les

1. Voyez, sur les caractères positifs de l'*espèce* et du *genre*, mon *Histoire des travaux de G. Cuvier*. Paris, 1845, page 297.

2. Ils ont produit à Londres : voyez mon *Résumé analytique des observations de F. Cuvier sur l'instinct et l'intelligence des animaux*. Paris, 1845, page 89.

3. On vient de découvrir, en effet, deux nouvelles espèces d'hippopotames, et une nouvelle espèce de girafe.

4. Tome XIV, page 335.

5. Buffon met dans ce genre, avec les brebis et les chèvres, les gazelles et les chevrotains, qui appartiennent à des genres très

variétés du cochon ; un autre, le chien avec le loup, le renard, le chacal, etc., etc.

Je m'en tiens à ces premiers genres, et je juge les opinions de Buffon par les faits.

Le cheval, l'âne, le zèbre, sont certainement de la même famille, comme Buffon le dit ici, et quoique ailleurs il ne le veuille pas, parce que c'est Linné qui le dit[1]. Mais s'ensuit il que l'âne vienne du cheval, ou le cheval du zèbre?

Le cheval produit avec l'âne ; le cheval et l'âne produisent avec le zèbre ; mais le *mulet*, mais l'individu né de ce mélange, est toujours un individu stérile[2]. Et il y a bien plus : il y a un fait, un grand fait, que Buffon n'aperçoit pas, et qui est la réfutation directe de son hypothèse.

Le cheval et l'âne sont peut-être les deux espèces les plus voisines, les plus semblables entre elles, qu'il y ait dans toute la classe des mammifères. L'œil le plus attentif n'a pu découvrir, jusqu'ici, aucune différence caractéristique entre leurs squelettes. Ajoutez que, depuis des siècles, on les mêle, on les excite à produire ensemble. Assurément, si jamais une transformation avait pu

différents. Mais je n'examine pas ici les *genres* de Buffon sous le point de vue zoologique ; je ne cherche que ses idées sur la transformation des espèces.

1. Voyez, ci-devant, chap. Ier, page 4.

2. Ordinairement, dès la première génération, et toujours dès la seconde.

se faire d'une espèce en une autre, il semble que cette transformation aurait dû se faire ici. Et cependant s'est-elle faite ? le cheval n'est-il pas toujours le cheval? l'âne n'est-il pas toujours l'ane ?

Un fait tout pareil nous est donné par l'exemple du bouc et du bélier. Le bouc s'accouple avec la brebis, le bélier se joint avec la chèvre ; « mais, comme Buffon lui-même le dit très bien, quoique ces accouplements soient assez fréquents, et quelquefois prolifiques, il ne s'est point formé d'espèce intermédiaire entre la chèvre et la brebis. Ces deux espèces sont distinctes, demeurent constamment séparées, et toujours à la même distance l'une de l'autre ; elles n'ont donc point été altérées par ces mélanges ; elles n'ont point fait de nouvelles souches, de nouvelles races d'animaux mitoyens ; elles n'ont produit que des différences individuelles qui n'influent pas sur l'unité de chacune des espèces primitives, et qui confirment au contraire la réalité de leur différence caractéristique[1]. »

L'exemple du sanglier et des cochons, allégué par Buffon, n'est pas ici à sa place, car il s'agit ici d'*espèces* proprement dites ; et les cochons ne sont que des *variétés*, des *races* d'une espèce, d'une souche primitive, qui est le sanglier.

Enfin, Buffon croit pouvoir dériver le chien, le

1. Tome V, page 60.

chacal, le loup et le renard d'une seule de ces quatre espèces. Mais, pour nous en tenir au chien, qui est celle de ces quatre espèces que nous connaissons le mieux, il ne vient sûrement pas du loup, car le loup est solitaire et le chien est essentiellement sociable ; il ne vient pas du chacal, car le chacal a une odeur si particulière, qu'il ne semble guère possible que le chien, venu du chacal, n'en conservât pas au moins quelques traces ; d'un autre côté, le mélange du chien avec le renard n'est point prolifique ; et voici quelque chose de plus décisif encore : le chien a été rendu à l'état sauvage et il n'est point passé à l'une des trois autres espèces, il est resté chien.

Les espèces ne viennent donc pas les unes des autres [1]. Toutes sont primitives ; et, ce qui trompe Buffon, c'est qu'il ne voit pas la limite fixe qui

1. Buffon le voit ailleurs, et le dit très bien : « Quoiqu'on ne puisse pas démontrer que la production d'une espèce par la dégénération soit une chose impossible à la nature, le nombre des probabilités contraires est si énorme, que, philosophiquement même, on n'en peut guère douter ; car si quelque espèce a été produite par la dégénération d'une autre, si l'espèce de l'âne vient de celle du cheval, cela n'a pu se faire que successivement et par nuances ; il y aurait eu entre le cheval et l'âne un grand nombre d'animaux intermédiaires, dont les premiers se seraient peu à peu éloignés de la nature du cheval, et les derniers se seraient rapprochés peu à peu de celle de l'âne ; et pourquoi ne verrions-nous pas aujourd'hui les représentants, les descendants de ces espèces intermédiaires? Pourquoi n'en est-il demeuré que les deux extrêmes? » (Tome IV, page 390).

sépare partout les *variétés* des *espèces*. L'homme, qui ne peut rien sur l'*espèce*, peut tout, ou à peu près tout, sur les *variétés*, sur les *races*.

Tout, ou presque tout, est artificiel dans la production de quelques-unes de nos races domestiques. On produit à volonté des chiens gros ou petits, et de plus en plus petits, ou de plus en plus gros, en unissant ensemble les plus grands ou les plus petits individus.

« On est toujours sûr, dit F. Cuvier, qui avait beaucoup médité sur cette matière, on est toujours sûr de former des races lorsqu'on prend soin d'accoupler constamment des individus pourvus des particularités d'organisation dont on veut faire les caractères de ces races. Après quelques géné-

« Si l'on admet une fois que l'âne soit de la *famille* du cheval, et qu'il n'en diffère que parce qu'il a dégénéré, on pourra dire également que le singe est de la *famille* de l'homme, que c'est un homme dégénéré, que l'homme et le singe ont eu une origine commune comme le cheval et l'âne, que chaque *famille* n'a eu qu'une seule souche, et même que tous les animaux sont venus d'un seul animal, qui, dans la succession des temps, a produit, en se perfectionnant et en dégénérant, toutes les races des autres animaux. » (Tome IV, page 382). « ... S'il était acquis que, dans les animaux, il y eût, je ne dis pas plusieurs espèces, mais une seule qui eût été produite par la dégénération d'une autre espèce ; s'il était vrai que l'âne ne fût qu'un cheval dégénéré, il n'y aurait plus de bornes à la puissance de la nature, et l'on n'aurait pas tort de supposer que d'un seul être elle a su tirer, avec le temps, tous les autres êtres organisés. » (*Ibid.*, page 382).

rations, ces caractères, produits d'abord accidentellement, se seront si fortement enracinés, qu'ils ne pourront plus être détruits que par le concours de circonstances puissantes, et les qualités intellectuelles s'affermissent comme les qualités physiques, etc. [1]. »

Daubenton a produit, avec des races de France, les plus belles laines, et par conséquent les plus belles races des moutons d'Espagne.

Unissant, par exemple, des béliers dont la laine avait six pouces [2] de longueur à des brebis dont la laine n'avait que trois pouces [3], il a vu, dès la première génération, les petits avoir une laine de cinq pouces et demi de longueur [4] : poursuivant ainsi, et unissant toujours, à chaque génération, les individus, béliers et brebis, dont la laine était la plus longue, il est parvenu à produire des laines longues de vingt-deux pouces [5].

1. Voyez mon *Résumé analytique des observations de F. Cuvier sur l'instinct et l'intelligence des animaux*. Paris, 1845, page 113. « De deux individus singuliers, dit Buffon, que la nature aura produits comme par hasard, l'homme en fera une race constante et perpétuelle, et de laquelle il tirera plusieurs autres races qui, sans ses soins, n'auraient jamais vu le jour. » (Tome II, page 497, *Oiseaux*).

2. Seize centimètres cinq millimètres.

3. Huit centimètres.

4. Quinze centimètres.

5. Soixante centimètres (Daubenton, *Instruction pour les bergers et pour les propriétaires de troupeaux*; an X, page 109).

Et il en est de la taille entière de l'animal comme de la longueur de sa laine. Daubenton a uni des brebis qui avaient vingt pouces [1] de hauteur à des béliers qui en avaient vingt-huit [2] ; et, dès la première génération, il a eu des agneaux dont la hauteur était de vingt-sept pouces [3].

Le mélange des races, le climat, la nourriture, l'esclavage, etc., peuvent donc beaucoup, peuvent tout, sur la production des *races*. Mais, ce qu'il ne faut jamais perdre de vue, c'est que les altérations qui amènent les *variétés*, les *races*, ne portent que sur les caractères les plus superficiels des animaux : sur la couleur, sur l'épaisseur, sur la longueur des poils, sur la grandeur, sur le volume du corps, etc. M. Cuvier, qui, en reprenant tout le travail de Buffon, a si bien vu ces limites marquées à la dégénération des espèces que Buffon n'avait pas aperçues, M. Cuvier a étudié les nombreux squelettes de chats, d'ibis, de chiens, de singes, de crocodiles, de bœufs, etc., rapportés d'Égypte ; « et certainement, dit-il, il n'y a pas plus de différence entre ces êtres et ceux que nous voyons, qu'entre les momies humaines et les squelettes d'hommes d'aujourd'hui [4]. » Il a

1. Cinquante-quatre centimètres.

2. Soixante-dix-sept centimètres.

3. Soixante-quatorze centimètres (Daubenton, *Instruction pour les bergers*, page 108).

4. Cuvier : *Discours sur les révolutions de la surface du globe.*

comparé des crânes de renards du Nord avec des crânes de renards d'Égypte, et n'y a trouvé que des différences individuelles. Une crinière plus fournie lui a paru faire la seule différence entre l'hyène de Perse et celle de Maroc. Le squelette d'un chat d'Angora ne diffère en rien de constant de celui d'un chat sauvage : plus ou moins de taille, des cornes plus ou moins longues ou qui manquent, une loupe de graisse, forment, comme nous avons vu, toutes les différences des bœufs; il y a quelques races de cochons où les ongles se soudent; enfin l'extrême des différences que l'esclavage, porté à l'extrême, a produites, se voit dans le chien, dont quelques individus ont un doigt de plus au pied de derrière, et quelques autres une dent molaire de plus [1].

L'altération des formes n'est donc pas indéfinie. Et ces altérations mêmes, ces altérations bornées, que les circonstances ont mis tant de temps à produire, ces altérations ne sont pas ineffaçables. Supprimez les circonstances qui les ont amenées, et les caractères primitifs reparaissent.

Nos chevaux, redevenus libres en Amérique, y ont repris leur instinct, qui est de vivre en troupes conduites par un chef; leur taille, qui est moyenne; une couleur uniforme, qui est le bai châtain :

1. Cuvier : *Discours sur les révolutions de la surface du globe.*

nos chiens y ont perdu leur aboiement ; le cochon y a repris les oreilles droites du sanglier, et ses petits la livrée du marcassin, etc. [1].

La dégénération des animaux a donc des limites fixes ; et c'est parce qu'il n'a pas vu ces limites que Buffon a cru à la *mutabilité* des espèces.

Le mélange de quelques espèces très voisines est prolifique. Le loup produit avec le chien, l'âne produit avec le cheval ; mais ici encore il y a des limites, et toujours des limites fixes : d'une part, les *mulets*, nés de ce mélange, sont stériles dès les premières générations ; et, de l'autre, ces mêmes mulets, unis à l'une des deux espèces primitives, reproduisent bientôt tous les caractères de cette espèce.

Les espèces sont donc *immuables :* elles ont toutes une même origine, une même date, et c'est la même main, la main du Maître du monde, qui les a toutes formées [2].

Mais je ne puis terminer cet article sans revenir un moment à Buffon. C'est un spectacle qu'il ne

1. Voyez les curieuses *Observations de M. Roulin sur les Animaux domestiques transportés de l'ancien dans le nouveau continent :* (*Mémoires des Savants étrangers*, 1835).

2. « Parmi les divers systèmes sur l'origine des êtres organisés, il n'en est pas de moins vraisemblable que celui qui en fait naître successivement les différents genres par des développements ou des métamorphoses graduelles. » (Cuvier, *Recherches sur les ossements fossiles*, tome III, page 297, 3e édition).

faut pas se lasser d'observer que celui de ces mutations profondes auxquelles il a constamment soumis ses idées.

Ici il admet le changement des espèces, il les tire toutes de quelques-unes, il suppose un petit nombre de familles ou souches principales, desquelles « il n'est pas impossible, dit-il, que toutes les espèces soient issues [1]. »

Ici il veut que le cheval vienne du zèbre, ou le zèbre du cheval ; et ailleurs il ne veut pas même que Linné les mette l'un à côté de l'autre [2].

Ici les espèces peuvent changer, puisque quelques-unes donnent toutes les autres ; et ailleurs il appelle les espèces : « les seuls êtres de la nature, êtres perpétuels, aussi anciens, aussi permanents qu'elle [3] : » et il écrit cette belle phrase : « L'empreinte de chaque espèce est un type dont les principaux traits sont gravés en caractères ineffaçables et permanents à jamais [4]. »

1. Tome XIV, page 358.

2. On se rappelle cette phrase si singulière : « Ne vaut-il pas mieux faire suivre le cheval, qui est solipède, par le chien, qui est fissipède et qui a coutume de le suivre en effet, que par un zèbre, qui nous est peu connu, et qui n'a peut-être d'autre rapport avec le cheval que d'être solipède ? » (Voyez, ci-devant, chap. Ier, page 4).

3. Tome XIII, page j.

4. Tome XIII, page IX. « Il y a dans la nature un prototype général dans chaque espèce sur lequel chaque individu est modelé, mais qui semble, en se réalisant, s'altérer ou se perfec-

Plus on étudie Buffon, plus on voit combien il étudiait lui-même sans relâche, sans fin, et combien son génie, aussi flexible que puissant, se prêtait facilement à toutes les idées nouvelles que faisait naître, tour à tour, ou la méditation profonde des faits, ou le charme entraînant des combinaisons et des vues.

tionner par les circonstances; en sorte que, relativement à de certaines qualités, il y a une variation bizarre en apparence dans la succession des individus, et en même temps une constance qui paraît admirable dans l'espèce entière. » (Tome IV, page 215).

CHAPITRE V.

FIXITÉ DES ESPÈCES.

I. — Idées de Buffon sur le caractère positif de l'espèce.

Buffon nous a donné le caractère positif de l'espèce.

Ce que les naturalistes appellent ordinairement *espèce* n'est que le résultat d'une comparaison. Pour eux, c'est la ressemblance qui détermine l'*espèce*. Mais cette ressemblance n'a rien d'absolu : souvent des individus de la même espèce diffèrent plus entre eux que des individus d'espèces distinctes. L'âne et le cheval, qui sont deux espèces distinctes, se ressemblent plus que le barbet et le lévrier, qui sont de la même espèce.

« La comparaison du nombre ou de la ressemblance des individus n'est, dit Buffon, qu'une idée accessoire..., car l'âne ressemble au cheval plus que le barbet au lévrier, et cependant le barbet et le lévrier ne font qu'une même espèce, puisqu'ils produisent ensemble des individus qui peuvent eux-mêmes en produire d'autres ; au lieu que le cheval et l'âne sont certainement de différentes espèces, puisqu'ils ne produisent ensemble que des individus viciés et inféconds[1]. »

Il fallait donc un caractère positif pour l'espèce, et Buffon l'a trouvé dans la *fécondité continue*. La *fécondité continue* est le caractère positif de l'espèce.

« On doit regarder, dit Buffon, comme la même espèce celle qui, au moyen de la génération, se perpétue et conserve la similitude de cette espèce, et comme des espèces différentes celles qui, par les mêmes moyens, ne peuvent rien produire ensemble; de sorte qu'un renard sera une espèce différente d'un chien, si en effet de l'union d'un mâle et d'une femelle de ces deux espèces il ne résulte rien, et quand même il en résulterait un animal mi-parti, une espèce de mulet, comme ce mulet ne produirait rien, cela suffirait pour établir que le renard et le chien ne seraient pas de la même espèce, puisque nous avons supposé que, pour constituer une espèce, il fallait une production continue, perpétuelle, invariable, semblable, en un mot, à celle des autres animaux[2]. »

L'idée de *l'espèce* est donc une idée certaine, puisqu'elle repose sur un fait certain. Tous les

1. Tome IV, page 385.
2. Tome II, page 10.

individus qui produisent ensemble des individus qui peuvent en produire d'autres, sont de la même espèce. « A commencer par l'homme, qui est l'être le plus noble de la création, l'espèce en est unique, dit très bien Buffon, puisque les hommes de toutes les races, de tous les climats, de toutes les couleurs, peuvent se mêler et produire ensemble, et qu'en même temps l'on ne peut pas dire qu'aucun animal appartienne à l'homme, ni de près ni de loin, par une parenté naturelle[1]. »

A côté du cheval est l'âne : l'espèce du cheval et celle de l'âne peuvent se mêler et produire ensemble ; à côté du chien est le loup : l'espèce du chien et celle du loup peuvent se mêler et produire ensemble, etc., etc. Mais les individus produits par le mélange du cheval et de l'âne, les individus produits par le mélange du chien et du loup, etc., etc., sont des *mulets*, c'est-à-dire des individus stériles, ou du moins d'une fécondité très bornée[2]. Il y a donc ici fécondité, mais non

1. Tome IX, page 9. « Comme ceux (les chiens) qui diffèrent le plus les uns des autres à tous égards, ne laissent pas de produire des individus qui peuvent se perpétuer en produisant eux-mêmes d'autres individus, il est évident que tous les chiens, quelque différents, quelque variés qu'ils soient, ne font qu'une seule et même espèce. » (Tome V, page 192).

2. Le *mulet* du cheval et de l'âne est stérile dès la première, ou, au plus tard, dès la seconde génération ; le *mulet* du chien et du loup est stérile dès la seconde ou la troisième génération.

fécondité continue, et par conséquent il n'y a pas *unité* de l'espèce.

L'*unité*, la *réalité* de l'espèce sont donc dans le fait de la *fécondité continue*.

II. — Raison de la fixité des espèces.

La fécondité continue qui donne l'*unité* et la *réalité* de l'espèce, en donne aussi la *fixité*, la *constance*. L'espèce n'est qu'une *reproduction continue*: produire n'est que se *reproduire*, et, s'il en est ainsi, comment l'espèce pourrait-elle n'être pas constante? Comment l'individu, qui se reproduit, se reproduirait-il différent de lui-même?

Dans cette question de la *fixité des espèces*, demeurée jusqu'à présent si confuse, je cherche le fait. Dans les choses de fait, c'est le fait qui donne la loi : « Newton a cru, dit très bien Buffon, qu'il valait beaucoup mieux établir les lois par les phénomènes mêmes [1]. » Je cherche donc le fait, et le fait me prouve que la *fécondité continue* est toujours bornée à l'espèce. La fécondité continue, bornée à l'espèce, donne donc la raison, et la raison démontrée de la *fixité des espèces*.

« Un être qui durerait toujours, dit Buffon, ne

1. Tome I, page 127 (*Suppléments*).

ferait pas une espèce, non plus qu'un milliard d'êtres semblables qui dureraient aussi toujours; l'espèce est donc un mot abstrait et général, dont la chose n'existe qu'en considérant la nature dans la succession des temps, et dans la destruction constante et le renouvellement tout aussi constant des êtres[1]. »

L'espèce, comme il le dit encore, n'est qu'une *suite d'individus*.

« Il n'existe, dit-il, que des individus et des suites d'individus, c'est-à-dire des espèces[2]. »

L'espèce est donc une *succession*, une *suite :* comme je le disais tout à l'heure, l'espèce est une *reproduction continue*, et puisque l'*espèce* n'est qu'une *reproduction*, l'*espèce* est nécessairement fixe et constante.

Concluons donc, et concluons avec Buffon lui-même, lorsqu'il voit bien : que la nature « imprime sur chaque espèce ses caractères inaltérables[3] ; » que « chaque espèce a un droit égal à la création[4] ; » que les espèces, même les plus voisines, « sont séparées par un intervalle que la nature ne peut franchir[5] ; » et que « chaque es-

1. Tome IV, page 384.
2. Tome XI, page 369.
3. Tome VI, page 55.
4. Tome XII, page 3.
5. « Quoique les espèces, dans les animaux, soient toutes séparées par un intervalle que la nature ne peut franchir, quel-

pèce des uns et des autres ayant été créée, les premiers individus ont servi de modèle à tous leurs descendants[1]. »

L'histoire naturelle n'a pas de fait mieux démontré que celui de la *fixité des espèces ;* et, pour qui sait voir la beauté de ce grand fait, elle n'en a pas de plus beau.

ques-unes semblent se rapprocher par un si grand nombre de rapports, qu'il ne reste, pour ainsi dire, entre elles que l'espace nécessaire pour tirer la ligne de séparation. » (Tome V, page 59).

1. Tome XIII, page vij.

CHAPITRE VI.

LOIS DE LA FÉCONDITÉ.

I. — Rapports de la fécondité avec la Taille.

Buffon semble n'avoir oublié aucune des questions secondaires qui tiennent à la grande question de la perpétuation des espèces.

Il a cherché les lois de la *fécondité*. Il a donné une *Table* sur les rapports de la fécondité dans les *mammifères*[1]. Cette *Table*, divisée en cinq colonnes, comprend le nom de l'animal, l'âge auquel chaque sexe commence à produire, la durée de la gestation, le nombre des petits pour chaque portée, le nombre des portées pour chaque année[2], et l'âge auquel finit la fécondité, soit pour l'un, soit pour l'autre sexe. Elle contient près de soixante espèces; et, d'abord, ce grand fait en ressort avec évidence, que la fécondité est tou-

1. Tome III, page 25 (*Suppléments*).

2. Le nombre des petits et celui des portées sont compris dans la même colonne.

jours, ou presque toujours, en raison inverse de la taille ou de la grandeur.

Par exemple, l'éléphant, le rhinocéros, l'hippopotame, le chameau, le dromadaire, etc., ne donnent qu'un petit par portée ; le cheval, le zèbre, l'âne, le bœuf, etc., en donnent un, et quelquefois deux; le chamois, la chèvre, la brebis, etc., en donnent de deux à trois; et les petites espèces, le lapin, le furet, le mulot, le cochon d'Inde, le surmulot, etc., en donnent de huit à dix, de dix à douze, et jusqu'à dix-neuf et vingt.

Ajoutez que ces petites espèces ont, en outre, plusieurs portées par année. Le surmulot, qui produit jusqu'à dix-neuf petits par portée, a trois portées par année. Le cochon d'Inde produit jusqu'à six fois par an, et jusqu'à dix ou douze petits par portée. Le dromadaire, le chameau, le bœuf, le cheval, etc., au contraire, n'ont qu'une portée par année ; l'éléphant n'a qu'une portée tous les trois ou quatre ans.

Une seule espèce, dans la *Table* de Buffon, se soustrait, ou du moins paraît se soustraire d'une manière marquée à la loi de la fécondité inverse de la grandeur, et cette espèce est celle du cochon. Étant de moyenne taille, le cochon ne devrait avoir qu'une fécondité moyenne, et cependant il produit deux fois par année, et jusqu'à quinze, jusqu'à vingt petits par portée. C'est presque autant que les espèces les plus petites. Mais c'est aussi que le cochon appartient à l'*ordre* des animaux les plus gigantesques. Le cochon est beaucoup plus petit, par rapport à l'éléphant, au rhinocéros, à l'hippopotame, etc., que le surmulot ou le cochon d'Inde ne le sont par rapport aux rongeurs de la plus grande taille ; et peut-être, pour bien juger de la grandeur relative d'un animal, ne faut-il pas moins tenir compte de son *ordre* que de sa *classe*.

Ainsi donc, tout cela étant observé, plus l'animal est grand, plus, en général, la fécondité est petite. La première loi de la fécondité, posée par Buffon, est donc celle de la fécondité inverse de la grandeur [1].

La seconde est celle qui règle la proportion des sexes dans les naissances ; et, selon Buffon, cette seconde loi est la prédominance des mâles sur les femelles.

II. — Rapports des sexes dans les naissances.

« Il naît, dit Buffon en parlant de l'homme, environ un seizième d'enfants mâles de plus que de femelles ; et, ajoute-t-il, on verra dans la suite

1. Cette loi, prise en général, est vraie ; mais pour l'établir nettement, il faudrait ne comparer entre elles que les espèces

qu'il en est de même de toutes les espèces d'animaux sur lesquelles on a pu faire cette observation [1]. »

Il dit ailleurs : « Il naît plus de filles que de garçons dans les pays où les hommes ont un grand nombre de femmes, au lieu que dans tous ceux où il n'est pas permis d'en avoir plus d'une, le mâle conserve et réalise sa supériorité en produisant en effet plus de mâles que de femelles [2]. »

Il dit enfin : « Le nombre des mâles, qui est déjà plus grand que celui des femelles dans les espèces pures, est encore bien plus grand dans les espèces mixtes [3]. »

En rapprochant ces trois passages de Buffon, on voit qu'il avait reconnu d'abord la prédominance générale des mâles sur les femelles ; et qu'il avait reconnu ensuite que cette prédominance croissait sous l'influence, d'une part, de la monogamie, et, de l'autre, du mélange des espèces. Le résultat de ses expériences sur le croisement des espèces est curieux.

Il fit accoupler, dans l'année 1751 [4], deux boucs

sauvages, car la *domesticité* accroît beaucoup la fécondité ; et ceci a surtout lieu, ainsi qu'on le verra tout à l'heure, pour les espèces du lapin, du cochon et du cochon d'Inde.

1. Tome II, page 73.
2. Tome XI, page 294.
3. Tome III, page 15 (*Suppléments*).
4. Tome III, page 3 (*Suppléments*).

avec plusieurs brebis ; et il obtint neuf mulets, sept mâles et deux femelles. Il obtint, l'année suivante, de la même union du bouc avec les brebis huit autres mulets, dont six mâles et deux femelles [1]. D'un autre côté, l'accouplement d'une louve et d'un chien [2] donna quatre mulets, trois mâles et une femelle. Buffon s'assura d'ailleurs, par de nombreuses informations, que, dans l'accouplement de l'âne et de la jument, le nombre des mâles l'emporte constamment sur celui des femelles. Enfin, la prédominance des mulets mâles sur les mulets femelles lui parut bien plus grande encore dans la classe des oiseaux ; car, sur dix-neuf petits, provenus d'une serine et d'un chardonneret, il n'y eut que trois femelles.

« Ainsi, dit Buffon, le nombre des mâles dans les mulets du bouc et de la brebis, est comme 7 sont à 2 ; dans ceux du chien et de la louve, ce nombre est comme 3 sont à 1 ; et dans ceux des chardonnerets et de la serine, comme 16 sont à 3. Il paraît donc presque certain que le nombre des mâles, qui est déjà plus grand que celui des femelles dans les espèces pures, est bien plus grand encore dans les espèces mixtes [3]. »

1. Tome III, page 7 (*Suppléments*).

2. Observation communiquée à Buffon par le marquis de Spontin-Beaufort. Tome III, page 11 (*Suppléments*).

3. Tome III, page 15 (*Suppléments*).

Telles sont les deux premières *lois de la fécondité* posées par Buffon : l'une, la fécondité inverse de la grandeur ; l'autre, la prédominance des mâles sur les femelles ; la troisième loi est la fécondité accrue par la domesticité [1].

III. — Influence de la domesticité sur la fécondité.

La domesticité augmente beaucoup la fécondité : le chien libre n'a qu'une portée par an, et que cinq ou six petits par portée ; le chien domestique de grande taille [2] a deux portées, et jusqu'à douze et dix-neuf petits par portée.

Le lièvre, espèce sauvage très voisine du lapin, n'a que deux ou trois portées par an, et que trois ou quatre petits par portée ; le lapin domestique a une portée par mois, et de cinq à neuf petits par portée.

Le sanglier, souche de notre cochon domesti-

1. Ces trois lois sont vraies en général, surtout la troisième ; mais, pour établir, en ce genre, des lois complétement sûres, il faudrait beaucoup plus de faits que n'en avait Buffon, et peut-être même qu'on n'en a encore. Voyez le *Rapport* que j'ai fait à l'Académie sur la *Table de la fécondité*, publiée dans ces derniers temps par M. Bellingeri : (*Comptes rendus des séances de l'Académie des Sciences*, tome IX, page 338).

2. Le chien domestique de petite taille (race plus faible) n'a pas toujours deux portées par an ; souvent il n'en a qu'une, et il n'a qu'un ou deux petits par portée.

que, n'a qu'une portée par an, et que huit à dix petits par portée; le cochon domestique a deux portées, et jusqu'à quinze, jusqu'à vingt petits par portée.

Enfin, l'*aperea*, souche du cochon d'Inde, n'a qu'une portée par an et qu'un ou deux petits par portée; et le cochon d'Inde, a six portées par an, et jusqu'à huit, jusqu'à douze petits par portée.

« Dans les animaux domestiques soignés et bien nourris, dit Buffon, la multiplication est plus grande que dans les animaux sauvages ; on le voit par l'exemple des chats et des chiens qui produisent dans nos maisons plusieurs fois par an, tandis que le chat sauvage et le chien abandonné à la seule nature ne produisent qu'une seule fois chaque année. On le voit encore mieux par l'exemple des oiseaux domestiques. Y a-t-il dans aucune espèce d'oiseaux libres une fécondité comparable à celle d'une poule bien nourrie? Et dans l'espèce humaine, quelle différence entre la chétive propagation des sauvages, et l'immense population des nations civilisées et bien gouvernées[1] ! »

1. Tome III, page 24 (*Suppléments*).

CHAPITRE VII.

INTELLIGENCE DE L'HOMME. — MÉCANISME DES BÊTES.

I. — Intelligence de l'homme.

L'esprit de l'homme est un problème qui sera éternel pour l'esprit de l'homme. L'intelligence des bêtes est un autre problème, d'un ordre très inférieur à celui-là sans doute, et qui pourtant ne paraît guère plus facile à résoudre. En étudiant ces deux problèmes, Buffon suit principalement la philosophie de Descartes.

Personne n'a aussi bien vu que Descartes la limite précise qui sépare les faits métaphysiques des faits physiques, l'esprit du corps, l'âme de la matière. C'est par là surtout, c'est parce qu'elle pose une limite fixe entre l'esprit et le corps, l'âme et la matière, la psychologie et la physiologie, que la philosophie de Descartes est la grande philosophie.

... « Je connus de là, dit Descartes, que j'étais une substance dont toute l'essence ou la nature n'est que de penser, et qui pour être... ne dépend d'aucune chose matérielle; en sorte que ce moi, c'est-à-dire l'âme, par laquelle je suis ce que je suis, est entièrement distincte du corps, et même qu'elle est plus aisée à connaître que lui, et qu'encore qu'il ne fût point, elle ne lairrait pas d'être tout ce qu'elle est [1]. »

« L'existence de notre âme, dit Buffon, nous est démontrée, ou plutôt nous ne faisons qu'un, cette existence et nous : être et penser sont pour nous la même chose ; cette vérité est intime et plus qu'intuitive ; elle est indépendante de nos sens, de notre imagination, de notre mémoire, et de toutes nos autres facultés relatives. L'existence de notre corps et des autres objets extérieurs est douteuse [2]... »

Descartes dit encore : « Je remarque ici, premièrement, qu'il y a une grande différence entre l'esprit et le corps, en ce que le corps, de sa nature, est toujours divisible, et que l'esprit est entièrement indivisible. Car, en effet, quand je le considère, c'est-à-dire quand je me considère moi-même, en tant que je suis seulement une chose qui pense, je ne puis distinguer en moi aucunes parties, mais je connais et concois fort

1. *Œuvres de Descartes* (édition de M. Cousin), tome I, page 158.

2. Tome II, page 432.

clairement que je suis une chose absolument une et entière [1]. »

Et Buffon dit : « Notre âme n'a qu'une forme très simple, très générale, très constante ; cette forme est la pensée ; il nous est impossible d'apercevoir notre âme autrement que par la pensée ; cette forme n'a rien de divisible, rien d'étendu, rien d'impénétrable, rien de matériel ; donc le sujet de cette forme, notre âme, est indivisible et immatériel [2]. »

Buffon était plein de la philosophie de Descartes. « Le premier pas et le plus difficile, dit-il avec Descartes, que nous ayons à faire pour parvenir à la connaissance de nous-mêmes, est de reconnaître nettement la nature des deux substances qui nous composent [3]. » Mais Buffon, qui, comme écrivain, est toujours au premier rang, n'est souvent qu'au second comme philosophe. Sa philosophie n'est pas une. En physique, il passe tour à tour de la méthode expérimentale de Newton à la méthode systématique de Descartes [4]. En psychologie, il mêle plus d'une fois les idées de Descartes avec les idées de Locke.

Locke, étudiant le rôle que jouent les sens dans

1. Tome I, page 343.
2. Tome II, page 434.
3. Tome II, page 430.
4. Voyez, ci-devant, chap. III, page 57.

la formation des idées, accorde beaucoup trop aux sens; Condillac leur accorde beaucoup plus encore. Il y a des moments où Buffon semble enchérir sur Condillac et sur Locke.

« On ferait bien, dit-il, de laisser à l'enfant le libre usage de ses mains, dès le moment de sa naissance; il acquerrait plus tôt les premières notions de la forme des choses, et qui sait jusqu'à quel point ces premières idées influent sur les autres? Un homme n'a peut-être beaucoup plus d'esprit qu'un autre que pour avoir fait, dans sa première enfance, un plus grand et un plus prompt usage de ce sens [1]. »

Voilà pourtant jusqu'où va Buffon, lorsqu'il oublie Descartes pour Locke. Mais avec quel bonheur il se corrige lui-même! « L'esprit, quoique resserré, dit-il, par les sens, quoique souvent abusé par leurs faux rapports, n'en est ni moins pur ni moins actif; l'homme qui a voulu savoir a

1. Tome III, page 362. Il dit ailleurs précisément le contraire: « L'excellence des sens et la perfection même qu'on peut leur donner, n'ont des effets bien sensibles que dans l'animal; il nous paraîtra d'autant plus actif et plus intelligent, que ses sens seront meilleurs ou plus perfectionnés. L'homme, au contraire, n'en est pas plus raisonnable, pas plus spirituel, pour avoir beaucoup exercé son oreille et ses yeux. On ne voit pas que les personnes qui ont les sens obtus, la vue courte, l'oreille dure, l'odorat détruit ou insensible, aient moins d'esprit que les autres: preuve évidente qu'il y a dans l'homme quelque chose de plus qu'un sens intérieur animal. » (tome IV, page 33).

commencé par les rectifier, par démontrer leurs erreurs; il les a traités comme des organes mécaniques, des instruments qu'il faut mettre en expérience pour les vérifier et juger de leurs effets [1]. »

Buffon a résumé toutes ses idées sur les erreurs des sens dans ces belles pages où il imagine un homme, « tel, dit-il, qu'on peut croire qu'était le premier homme au moment de la création, c'est-à-dire un homme dont le corps et les organes seraient parfaitement formés, mais qui s'éveillerait tout neuf pour lui-même et pour tout ce qui l'environne [2]. »

..... *J'ouvris les yeux, quel surcroît de sensation! La lumiere, la voûte céleste, la verdure de la terre, le cristal des eaux... je crus d'abord que tous ces objets étaient en moi... Je commençai à soupçonner qu'il y avait de l'illusion dans cette sensation qui me venait par les yeux* [3].....

Mais, tout en admirant ces pages brillantes où la précision des idées se joint au charme des mots, et la méthode à la fiction, puis-je ne pas remarquer que Buffon n'y parle que des idées qui viennent des sens? Il n'y dit rien des idées qui viennent de l'âme; il peint l'âme qui découvre

1. Tome XIV, page 25.
2. Tome III, page 364.
3. Tome III, page 364.

tout ce qui n'est pas elle, et il oublie de peindre l'âme qui se découvre elle-même.

Les sens ne servent à l'âme que pour les idées étrangères à l'âme. Ce ne sont pas mes sens, c'est mon âme qui pense. En perdant mes sens, je perds les impressions, les sensations, les occasions de penser qu'ils me donnent; je ne perds pas ma pensée.

Buffon dit très bien ailleurs : « Un aveugle n'a nulle idée de l'objet matériel qui nous représente les images des corps ; un lépreux dont la peau serait insensible n'aurait aucune des idées que le toucher fait naître ; un sourd ne peut connaître les sons : qu'on détruise successivement ces trois moyens de sensation dans l'homme qui en est pourvu, l'âme n'en existera pas moins, ses fonctions intérieures subsisteront, et la pensée se manifestera toujours au dedans de lui-même [1]. »

Entre moi et mes organes, entre l'esprit et le corps, il n'y a que des rapports d'occasion, et non des rapports de nature. Ceux qui, à l'exemple de Cabanis, veulent tirer la pensée de la matière se trompent. Ceux qui, à l'exemple de Stahl, veulent expliquer toutes les opérations du corps par les opérations de l'âme se trompent : une limite précise, une limite fixe sépare, comme je l'ai déjà

1. Tome II, page 435.

dit, les causes métaphysiques des causes physiques, l'esprit du corps, l'âme de la matière ; Buffon a vu cette limite ; et, plus d'un siècle avant Buffon, Descartes l'avait posée.

II. — Automatisme de Descartes.

L'homme a un esprit et un corps ; l'animal n'a qu'un corps. L'homme a un esprit et des organes ; l'animal n'a que des organes.

L'*automatisme* de Descartes, bien vu, n'est que l'organisme.

On a pris beaucoup trop à la lettre ses *bêtes-machines*.

« Il faut pourtant remarquer, dit Descartes, que je parle de la pensée, non de la vie ou du sentiment, car je n'ôte la vie à aucun animal... Je ne leur refuse pas même le sentiment autant qu'il dépend des organes du corps. Ainsi, mon opinion n'est pas si cruelle aux animaux [1]. »

On se récrie sur les *esprits animaux*, dont en effet, Descartes abuse. Je réponds qu'il faut savoir dégager le fond, le fond durable d'une opinion de ce qui n'en est qu'un accessoire, toujours différent suivant les époques. A l'époque de Descartes, on avait les *esprits animaux*, comme, à l'époque de

1. Tome X, page 208.

Buffon, on eut les *ébranlements organiques*. Les *esprits animaux* ne sont ici que l'accessoire : le fond de l'opinion est l'*organisme*.

Descartes, tout Descartes qu'il est, fait ici comme les autres : il prononce un mot, et ne s'aperçoit pas qu'il ne dit qu'un mot.

Les anciens avaient imaginé des *esprits* de trois sortes : des *esprits naturels*, des *esprits vitaux* et des *esprits animaux*. Au moment où vint Descartes, les *esprits naturels* et les *esprits vitaux* étaient oubliés ; malheureusement les *esprits animaux* subsistaient encore.

C'est de ces *esprits animaux* que Descartes s'entête. « Si ces esprits, dit-il, sont plus abondants que de coutume, ils sont propres à exciter en elle [1] des mouvements tout semblables à ceux qui témoignent en nous de la *bonté*, de la *libéralité* et de l'*amour ;* et de semblables à ceux qui témoignent en nous de la *confiance* ou de la *hardiesse*, si leurs parties sont plus fortes et plus grosses... Comme, au contraire, ces mêmes esprits sont propres à exciter en elle des mouvements tout semblables à ceux qui témoignent en nous de la *malignité*, de la *timidité*..., si ces mêmes qualités leur défaillent [2]. »

1. Dans la machine qu'il imagine pour expliquer l'homme.
2. Tome IV, page 387.

Oublions le petit mécanisme des *esprits animaux*, imaginé par Descartes; oublions toutes ces petites explications de ce qui ne s'explique pas, l'action du cerveau, l'action intime de l'organe, et remarquons une belle et grande vue, grande et belle surtout au temps de Descartes : la vue de supprimer toutes les *âmes végétatives* et *sensitives*, dont les anciens avaient embarrassé la science, la vue de réduire tout, dans la brute, à l'organe et à la fonction de l'organe.

..... « Je désire, dit Descartes, que vous considériez après cela que toutes les fonctions que j'ai attribuées à cette machine, comme la digestion des viandes, le battement du cœur et des artères, la nourriture et la croissance des membres, la respiration, la veille et le sommeil... ; l'impression des idées dans l'organe du sens commun et de l'imagination; la rétention ou l'empreinte de ces idées dans la mémoire ; les mouvements intérieurs des appétits et des passions.... Je désire, dis-je, que vous considériez que ces fonctions suivent toutes naturellement en cette machine de la seule disposition de ses organes..., en sorte qu'il ne faut point, à leur occasion, concevoir en elle aucune *âme végétative* ni *sensitive*, ni aucun autre principe de mouvement et de vie [1]... »

1. Tome IV, page 427.

III. — Automatisme de Buffon.

L'*automatisme* de Buffon ressemble beaucoup à celui de Descartes.

Descartes, comme nous avons vu, ne refuse aux animaux ni la vie, ni le sentiment. Buffon leur refuse beaucoup moins encore. « Bien loin, dit-il, de tout ôter aux animaux, je leur accorde tout, à l'exception de la pensée et de la réflexion ; ils ont le sentiment, ils l'ont même à un plus haut degré que nous ne l'avons ; ils ont aussi la conscience de leur existence actuelle ;... ils ont des sensations [1].... »

Buffon accorde aux animaux une sorte de mémoire : « La mémoire, qui n'est que le renouvellement des sensations [2]. » Il leur accorde des *appétits :* « Les animaux n'ont, dit-il, qu'un moyen d'avoir du plaisir, c'est d'exercer leur sentiment pour satisfaire leur appétit [3]. »

Il leur accorde même des passions : « Ils ont, dit-il, leur espèce d'amitié, leur espèce d'orgueil, leur espèce d'ambition [4]... »

Buffon a d'ailleurs, comme Descartes, une pe-

1. Tome IV, page 41.
2. Tome IV, page 60.
3. Tome IV, page 45.
4. Tome IV, page 83.

tite hypothèse, un *petit mécanisme* pour expliquer toutes ces choses ; et, quoique écrivant un siècle après Descartes, il n'est guère plus sage. Aux *esprits animaux*, il substitue les *ébranlements organiques*. Par ces *ébranlements organiques*, il explique tout. Ces *ébranlements* sont-ils agréables ? ils font naître l'appétit ; désagréables ? ils font naître la répugnance[1]. Le chien qui a été corrigé, battu, refuse-t-il de toucher à la proie qu'on lui offre ? c'est que « les ébranlements de la douleur se renouvellent en même temps que ceux de l'appétit se font sentir[2]. » Le chien se décide-t-il à recevoir cette proie de la main de son maître ? c'est que « l'ébranlement causé par l'action de son maître, de la main duquel il a souvent reçu ce morceau qui est l'objet de son appétit..., devient la cause déterminante du mouvement[3]. »

Laissons les *ébranlements organiques*, et voyons le fond des idées.

Buffon accorde aux animaux des sensations, du sentiment, de la mémoire, des appétits, des

1. Les impressions, transmises par les sens extérieurs, « s'arrêtent sur le sens intérieur, et produisent dans le cerveau qui en est l'organe, des ébranlements durables et distincts. Ces ébranlements sont agréables ou désagréables... et font naître l'appétit ou la répugnance... » (Tome IV, page 34).

2. Tome IV, page 39.

3. Tome IV, page 40.

passions, etc.; il leur accorde plus que Descartes : l'*automatisme* de Buffon n'est donc, comme celui de Descartes, que l'organisme.

IV. — Mécanisme exclusif de Buffon.

Mais Buffon ne s'arrête pas là. Tant qu'il ne parle que des animaux supérieurs, des oiseaux, des quadrupèdes, animaux qu'il avait étudiés, il voit bien, il voit juste ; mais, dès qu'il parle des insectes, animaux qu'il n'étudia jamais, il tombe aussitôt dans les exagérations les moins concevables.

Il se moque de Réaumur, qui nous a révélé tant de merveilles de l'industrie des insectes : « On admire toujours d'autant plus, dit-il, qu'on observe davantage, et qu'on raisonne moins [1]. » Il veut expliquer les *cellules des abeilles* par la seule *compression réciproque* des abeilles l'une par l'autre.

« Ces cellules des abeilles, dit-il, ces hexagones tant vantés, tant admirés, me fournissent une preuve de plus contre l'enthousiasme et l'admiration : cette figure, toute géométrique et toute régulière qu'elle nous paraît, et qu'elle est en effet dans la spéculation, n'est ici qu'un résultat méca-

1. Tome IV, page 91.

nique et assez imparfait qui se trouve souvent dans la nature, et que l'on remarque même dans ses productions les plus brutes... Qu'on remplisse un vaisseau de pois ou plutôt de quelque autre graine cylindrique, et qu'on le ferme exactement après y avoir versé autant d'eau que les intervalles qui restent entre ces graines peuvent en recevoir; qu'on fasse bouillir cette eau, tous ces cylindres deviendront des colonnes à six pans. On en voit clairement la raison, qui est purement mécanique : chaque graine, dont la figure est cylindrique, tend par son renflement à occuper le plus d'espace possible dans un espace donné ; elles deviennent donc toutes nécessairement hexagones par la *compression réciproque*[1]. »

Comment Buffon peut-il s'en tenir à des idées aussi vagues ? Comment peut-il comparer le travail de l'abeille, ce travail si délicat, si parfait, si savant (quoique d'une science que l'animal ne sait pas), à la simple compression d'un pois par un autre pois ? Et, d'ailleurs, quand même la *compression réciproque* expliquerait les cellules des abeilles, en serait-on plus avancé ? Combien d'autres industries, non moins admirables, la *compression réciproque* n'expliquerait pas ! Le nid de l'oiseau, la cabane du castor, le cocon du ver à soie,

1. Tome IV, page 99.

sont-ils le *résultat mécanique de compressions réciproques?* La *compression réciproque* explique-t-elle la toile de l'araignée ?

V. — Instinct des animaux.

C'est au sujet de ce *mécanisme exclusif* de Buffon que M. Cuvier a dit : « Buffon a eu le tort de vouloir substituer à l'instinct des animaux une sorte de mécanisme plus inintelligible peut-être que celui de Descartes[1]. »

La vraie philosophie est de suivre les faits. Les faits nous donnent les forces. Or, les faits, bien suivis, nous montrent, dans l'animal, des forces particulières, des forces propres, des forces qui ne sont ni dans le minéral, ni dans la plante ; et l'*instinct* est une de ces forces.

L'*instinct* des animaux est une force propre, et d'une nature très particulière.

L'*instinct* est ce qui, dans la plupart des animaux, et pour la plupart de leurs actions, remplace l'intelligence.

L'homme lui-même fait certaines choses par instinct : l'enfant qui tette, tette par instinct ; c'est par instinct que l'oiseau se construit un nid,

1. *Biographie universelle*, article *Buffon*.

que le castor se bâtit une cabane, que l'araignée se tisse une toile.

Dans tous ces cas, l'enfant, l'oiseau, le castor, l'araignée, font une action très compliquée ; cette action a un but très déterminé, et ils la font sans l'avoir apprise, sans voir ce but.

L'action *instinctive* est l'action que l'animal fait sans aucune vue, mais qui, pour être faite par l'homme, demanderait les vues les plus compliquées et les plus savantes [1].

L'*instinct* est une force purement organique.

VI. — De l'espèce d'intelligence qu'on observe dans les animaux.

Il y a, dans les animaux, deux forces : il y a une espèce d'*intelligence*, c'est-à-dire une force qui s'instruit, qui se modifie; et il y a la force machinale et aveugle, il y a l'*instinct*.

Les animaux, du moins les animaux supérieurs, ont une *espèce d'intelligence ;* et c'est ici, c'est dans la manière dont ils nous dépeignent cette *espèce d'intelligence* des animaux, qu'il faut surtout étudier Buffon et Descartes.

1. Voyez mon *Résumé analytique des observations de Frédéric Cuvier sur l'instinct et l'intelligence des animaux*. Paris, 1845.

Le génie a une analyse qui est d'une finesse admirable.

« Je ne leur refuse pas même le sentiment, dit Descartes, autant qu'il dépend des organes du corps [1]. »

Il y a donc la sensibilité qui dépend des organes, la *sensibilité physique*.

Descartes dit ailleurs : « Par le mot de penser, j'entends tout ce qui se fait en nous de telle sorte que nous l'apercevons immédiatement par nous-mêmes ; c'est pourquoi non seulement entendre, vouloir, imaginer, mais aussi sentir, est la même chose ici que penser [2]. »

Descartes distingue donc la sensibilité qui *dépend des organes*, de la sensibilité qui tient à l'esprit, du *sentir* qui est *la même chose que penser*.

« Je distingue, dit Buffon, deux espèces de mémoires... ; la première est la trace de nos idées, la seconde... n'est que le renouvellement de nos sensations... ; la première émane de l'âme..., la seconde... est la seule qu'on puisse accorder à l'animal [3]. »

Dans la même phrase, Buffon pose d'un côté l'intelligence qui tient à la matière, et de l'autre l'esprit. « L'éléphant, dit-il, approche de l'homme

1 Tome X, page 208.
2. Tome III, page 67.
3. Tome IV, page 60.

par l'intelligence, autant au moins que la matière peut approcher de l'esprit [1]. »

Les philosophes de la fin du dernier siècle semblent avoir pris à tâche de défaire tout ce qu'avait si admirablement fait Descartes. L'homme, suivant Helvétius, n'a que deux facultés, et toutes deux *physiques*.

« Nous avons en nous, dit-il, deux facultés. L'une est la faculté de recevoir les impressions.. ; on la nomme *sensibilité physique*... L'autre est la faculté de conserver l'impression...; on l'appelle *mémoire*...; et la mémoire n'est autre chose qu'une sensation continuée, mais affaiblie [2]. »

A quoi tient donc, suivant Helvétius, la supériorité de l'homme sur les animaux ? à l'*organisation extérieure*. « Ces facultés, dit Helvétius, que je regarde comme les causes productrices de nos pensées, *et qui nous sont communes avec les animaux*, ne nous occasionneraient cependant qu'un très petit nombre d'idées, si elles n'étaient jointes en nous à une certaine organisation extérieure [3]. »

Helvétius ne voit que l'*organisation extérieure;* Cabanis ne voit que l'*organisation intérieure*, c'est-à-dire que le cerveau. Oui, dans l'animal,

1. Tome XI, page 2.
2. *De l'Esprit. Discours I.*
3. *De l'Esprit. Discours I.*

dans la brute, il n'y a que le cerveau, que l'organe ; mais, dans l'homme, il y a l'esprit et l'organe.

Mon sens intime, dont je suis plus sûr qu'Helvétius et Cabanis n'étaient sûrs de leurs systèmes, me dit que je suis libre, c'est-à-dire indépendant de l'organe.

Au défaut du sens intime, il y a tout un ordre d'idées qui révélerait à l'homme sa nature propre. Les idées intellectuelles, les idées morales, l'idée du juste et de l'injuste, l'idée du bien et du mal moral, toutes ces idées *innées* (c'est-à-dire *nées en nous*), comme on les appelait autrefois, toutes ces idées *établies de Dieu*, comme les appelle Descartes, toutes ces idées ne sont qu'à l'homme.

L'idée d'une vérité morale vient de mon âme et non de mes sens. L'idée du juste ne me vient pas d'un sens. L'animal, qui n'a que des sens, n'a pas d'idée morale : il n'a pas d'idée.

Dans tout ce que fait l'animal, j'aperçois l'organe. Il veut, mais par appétit, par besoin, par faim. Sa volonté n'est que l'impulsion de l'organe.

Ce qui est physique agit sur l'animal, parce que l'animal a des organes. Ce qui est métaphysique n'agit pas sur lui, parce qu'il n'a que des organes.

Ici, le fait tranche la question. Ce qui est métaphysique n'agit pas sur l'animal ; donc l'animal n'a pas de principe métaphysique.

VII. — Du prétendu langage des animaux.

Je remarque que tout ce qui agit sur l'animal est physique. Ce sont les caresses, les coups, les objets, les sons. Ma parole n'agit pas sur l'animal comme *signe intellectuel,* mais comme son, comme bruit, comme cause physique.

« Les sansonnets, dit Bossuet, répètent le son, et non le signe [1]. »

Ceux qui accordent aux animaux une langue tombent dans une étrange méprise.

Les animaux ont des cris, des sons, des voix naturelles : ils n'ont pas de langue.

« On ne doit pas confondre, dit Descartes, les paroles avec les mouvements naturels qui témoignent les passions..., ni penser, comme quelques anciens, que les bêtes parlent, bien que nous n'entendions pas leur langage. Car, s'il était vrai, puisqu'elles ont plusieurs organes qui se rapportent aux nôtres, elles pourraient aussi bien se faire entendre à nous qu'à leurs semblables [2]. »

1. *De la connaissance de Dieu et de soi-même.*
2. Tome I, page 188.

Parler, c'est convenir d'un signe. On se parle par sons, par gestes, par figures, par lettres, par toutes sortes de signes. L'écriture est une langue.

« Tout est bon, dit Bossuet, pour avertir l'homme, pourvu qu'on s'entende avec lui [1]. »

On a beau me dire que l'animal a des cris distincts pour la douleur, pour la joie, pour toutes les émotions physiques. Ces cris sont naturels, et ne sont pas convenus : ces cris ne sont pas des signes.

L'animal ne sort jamais du physique. Pour parler, il faut sortir du physique. Le son vient de l'organe ; le signe vient de l'idée ; l'idée vient de l'âme. L'animal n'a que des sensations : l'homme seul a des idées.

Condillac dit que l'idée n'est que la sensation *qui se transforme* [2]. Condillac se trompe. Ce qui sépare la sensation de l'idée, ce n'est pas seulement une transformation, un changement de forme : c'est un changement de nature. Passer de la sensation à l'idée, c'est passer du physique au métaphysique, du corps à l'esprit, de la matière à l'âme.

1. *De la connaissance de Dieu et de soi-même.*

2. « Le jugement, la réflexion, les passions, toutes les opérations de l'âme, en un mot, ne sont que la sensation même qui se transforme. » (*Extrait raisonné du Traité des sensations*).

« Le sentiment, dit très bien Buffon, ne peut, à quelque degré qu'il soit, produire le raisonnement[1]. »

Dans les animaux, les cris de chaque espèce sont toujours les mêmes ; ces cris sont les mêmes depuis l'origine de l'espèce, et le seront jusqu'à la fin de l'espèce. Pour me servir d'une belle expression de Buffon, le cri de l'animal est quelque chose de « tracé dans l'espèce[2]. »

Dans ces cris tout est naturel, rien n'est inventé. Tout, dans la langue de l'homme, est invention.

L'animal n'invente rien parce qu'il n'a que des sensations. On ne crée pas des sensations, on crée des idées ; et c'est parce qu'il crée des idées que l'homme a des signes, qu'il a des langues.

Parmi ces peuples, presque innombrables, qui couvrent la surface du globe, combien de langues diverses ! Cette variété prouve l'invention. Dans chaque langue même, l'expression la plus ordinaire devient souvent une expression nouvelle par les sens nouveaux que le génie lui donne. Plus on a d'esprit, plus on en donne aux mots.

L'animal n'a donc pas d'idées ; et n'ayant pas

1. Tome IV, page 108.

2. « Plus les animaux sont stupides, plus l'imitation tracée dans l'espèce est parfaite (tome VI, page 71, *Oiseaux*).

d'idées, il n'a pas de signes ; et, n'ayant pas de signes, il n'a pas de langue.

« C'est une chose bien remarquable, dit Descartes, qu'il n'y ait point d'hommes si hébétés et si stupides, sans en excepter même les insensés, qu'ils ne soient capables d'arranger ensemble diverses paroles et d'en composer un discours par lequel ils fassent entendre leurs pensées ; et qu'au contraire il n'y a point d'autre animal, tant parfait et tant heureusement né qu'il puisse être, qui fasse le semblable. Ce qui n'arrive pas de ce qu'ils ont faute d'organes : car on voit que les pies et les perroquets peuvent proférer des paroles ainsi que nous, et toutefois ne peuvent parler ainsi que nous, c'est-à-dire en témoignant qu'ils pensent ce qu'ils disent ; au lieu que les hommes qui, étant nés sourds et muets, sont privés des organes qui servent aux autres pour parler, autant ou plus que les bêtes, ont coutume d'inventer d'eux-mêmes quelques signes par lesquels ils se font entendre à ceux qui, étant ordinairement avec eux, ont loisir d'apprendre leur langue. Et ceci ne témoigne pas seulement que les bêtes ont moins de raison que les hommes, mais qu'elles n'en ont point du tout[1]. »

« Quelque ressemblance, dit Buffon, qu'il y ait

1. Tome I, page 187.

entre le Hottentot et le singe, l'intervalle qui les sépare est immense, puisqu'à l'intérieur il est rempli par la pensée, et au dehors par la parole[1]. »

1. Tome XIV, page 32.

CHAPITRE VIII.

LOIS DE LA DISTRIBUTION DES ANIMAUX SUR LE GLOBE.

Les idées de Buffon touchant la distribution des animaux sur le globe sont des idées de génie. Ce sont, comme l'a dit M. Cuvier, *de véritables découvertes*[1]. Ajoutons que jamais découvertes d'un ordre plus élevé n'ont été préparées et amenées par des combinaisons plus savantes.

Buffon avait déjà décrit les *animaux domestiques ;* il avait décrit plusieurs *animaux sauvages;* il en était à l'histoire du lion, et c'est là que je trouve pour la première fois sa grande vue sur les animaux propres à chacun des deux continents.

« L'animal d'Amérique que les Européens ont appelé *lion,* et que les naturels du Pérou appellent

1. « Les idées de Buffon sur la dégénération des animaux et sur les limites que les climats, les montagnes et les mers assignent à chaque espèce, peuvent être considérées comme de véritables découvertes, qui se confirment chaque jour, et qui ont donné aux recherches des voyageurs une base fixe, dont elles manquaient absolument auparavant. » (Cuvier, *Biographie universelle*, article *Buffon*).

puma, n'a point, dit-il, de crinière ; il est aussi beaucoup plus petit, plus faible et plus poltron que le vrai lion...[1] » Il ajoute : « Le *puma* n'est point un lion, tirant son origine des lions de l'ancien continent... ; c'est un animal particulier à l'Amérique, comme le sont aussi la plupart des animaux de ce nouveau continent[2]. »

Pour se faire une idée de l'obscurité profonde dans laquelle était plongée cette partie de la science, au moment où Buffon entreprit d'y porter le jour, il faut se rappeler que, lorsque les Européens firent la découverte du Nouveau-Monde, ils trouvèrent en effet que tout y était nouveau ; les animaux quadrupèdes, les oiseaux, les poissons, les insectes, les plantes, tout parut inconnu, tout l'était : spectacle étonnant pour l'histoire naturelle, et que, deux siècles et demi plus tard, l'exploration des côtes de la Nouvelle-Hollande devait lui donner une fois encore.

Tout ce que présentait l'Amérique se trouvait donc différent de ce qu'on avait vu jusqu'alors. D'une part, tout était nouveau ; de l'autre, il fallait tout nommer, il fallait du moins nommer les principaux objets, et l'on fit ce qu'on a toujours fait en pareil cas : on donna aux

1. Tome IX, page 12.
2. Tome IX, page 13.

choses inconnues les noms des choses connues. Le *puma* fut appelé lion ; le *jaguar*, tigre ; l'*alpaca*, mouton ; et ainsi du reste.

Les Romains en avaient fait autant : lorsqu'ils virent pour la première fois l'éléphant, ils l'appelèrent *bœuf de Lucanie* [1] ; ils appelèrent le rhinocéros *bœuf d'Égypte* [2] ; ils donnèrent à la girafe le nom de deux animaux connus, le chameau et le léopard : *camelopardalis*, etc., etc.

Je reviens à Buffon. Au moment où il conçut sa grande idée des animaux propres à chacun des deux continents, tout était donc confondu. Pour me servir de sa belle expression, « les noms avaient confondu les choses [3] ; » et ce n'était pas tout : les choses elles-mêmes étaient déjà mêlées et confondues ensemble ; car, depuis la découverte de l'Amérique, les Européens n'avaient cessé d'y transporter les animaux de l'ancien monde.

Il fallait donc enfin mettre un terme à ce grand désordre, et c'est ce que fit Buffon. Rien n'est plus

1. « Elephantos Italia primum vidit Pyrrhi regis bello, et boves Lucas appellavit, in Lucanis visos... » (Pline, liber VIII, caput VI).

2. Parce que Pompée l'avait fait amener d'Égypte. Voyez le curieux mémoire de feu M. Mongez sur les *animaux promenés ou tués dans les cirques* (*Mémoires de l'Académie des Inscriptions et Belles-Lettres*, tome X, page 381).

3. Tome IX, page 55.

admirable, rien n'est d'une méthode expérimentale plus savante que son *énumération comparée* de tous les animaux quadrupèdes connus de son temps.

Le résultat de cette belle *énumération comparée* fut de lui donner une vue nette de tous les animaux quadrupèdes, qu'il partage en trois classes, savoir : ceux qui sont propres à l'ancien continent, ceux qui sont propres au nouveau, et ceux qui sont communs à l'un et à l'autre.

Comme les animaux les plus grands sont aussi les mieux connus, c'est par ceux-là que Buffon commence son examen.

L'éléphant, le rhinocéros, l'hippopotame, le chameau, le dromadaire, la girafe appartiennent à l'ancien monde, et ne se trouvent point dans le nouveau.

Buffon ne distinguait pas encore l'éléphant des Indes de celui d'Afrique : nous les avons distingués depuis ; il ne connaissait que deux rhinocéros, celui d'Afrique et celui des Indes ; à ces deux là nous en avons ajouté deux autres, celui

1. « Pour prévenir la confusion qui résulte de ces dénominations mal appliquées à la plupart des animaux du Nouveau-Monde..., j'ai pensé que le moyen le plus sûr était de faire une énumération comparée des animaux quadrupèdes... » (Tome IX, page 55).

de Java et celui de Sumatra ; et, comme on voit, la proposition de Buffon reste toujours vraie : aucun de ces grands quadrupèdes ne se trouve dans le Nouveau-Monde.

Aucune espèce du genre *chat* ne s'est trouvée la même dans l'un et l'autre continent. Nous avons le lion, le tigre, le léopard, la panthère, etc. ; l'Amérique a le puma, le jaguar, le jaguarondi, l'ocelot, etc., etc.

Aucun de nos animaux domestiques n'était en Amérique. Personne n'ignore quelle surprise, mêlée de frayeur, nos chevaux causèrent aux Américains ; l'âne leur était également inconnu : le bœuf, la brebis, la chèvre, le sanglier, le cochon, le chien, le chat, etc., ont été transportés d'Europe en Amérique, et ne s'y trouvaient point.

L'Amérique n'avait aucun des animaux suivants, tous énumérés par Buffon : le zèbre[1], le buffle[2], l'hyène[3], le chacal[4], la genette[5], la ci-

1. De la partie méridionale de l'Afrique.

2. Originaire de l'Inde.

3. L'hyène rayée habite depuis les Indes jusqu'en Abyssinie (Cuvier. *Règne animal*, tome I, page 160) ; l'hyène brune et l'hyène tachetée sont du midi de l'Afrique.

4. Depuis les Indes jusqu'au Sénégal : ce sont probablement des espèces distinctes.

5. Commune ou d'Europe.

vette [1], la gazelle [2], le chamois [3], le bouquetin [4], le chevrotain [5], le lapin [6], le furet [7], le rat [8], la souris [9], le loir [10], le lérot [11], la marmotte [12], la mangouste [13], le blaireau [14], la zibeline [15], l'hermine [16], la gerboise [17], etc., etc.

Une des plus belles parties du grand travail de Buffon est celle qui a pour objet l'étude des singes. On avait vu dans l'Amérique des animaux qui ressemblaient à nos singes, et on les avait appelés *singes*. Mais ces singes des deux continents

1. Du midi de l'Afrique.
2. Du nord de l'Afrique.
3. De l'Europe.
4. On en connaît aujourd'hui plusieurs espèces, mais toutes de l'ancien continent.
5. Tous les chevrotains aujourd'hui connus sont des pays chauds de l'ancien continent.
6. Commun ou d'Europe.
7. De Barbarie.
8. Des climats tempérés de l'ancien continent.
9. Même patrie.
10. Du midi de l'Europe.
11. Même patrie.
12. De l'Europe. Les espèces d'Amérique sont toutes différentes de celles d'Europe.
13. Il y a plusieurs mangoustes : celle d'Égypte, celle des Indes, etc., mais toutes de l'ancien continent.
14. Le blaireau d'Europe.
15. De la Sibérie.
16. Du nord de l'Europe.
17. D'Afrique et d'Arabie.

étaient-ils les mêmes? Je dis plus : y avait-il une seule espèce de singe qui fût la même dans l'un et l'autre continent ?

Examen fait, il s'est trouvé qu'il n'y en avait pas une.

Aucun singe de l'ancien continent n'était dans le nouveau, et, réciproquement, aucun singe du nouveau n'était dans l'ancien.

L'orang-outang[1], le chimpansé[2], tous les gibbons[3], tous les babouins[4], toutes les guenons[5], sont propres à l'ancien continent; le singulier genre des makis[6] n'existe qu'à l'île de Madagascar; les loris ou singes paresseux[7] appartiennent aux Indes orientales : voilà pour l'ancien monde.

D'un autre côte, le Nouveau-Monde a, et n'a que pour lui, les alouattes, les sajous, les atèles, les sakis, les sagouins, les ouistitis, etc., etc.

Tous les animaux que je vais nommer sont exclusivement propres à l'Amérique : le puma ou couguar, le jaguar, l'ocelot, le jaguarondi, le

1. De Malaca, de la Cochinchine, de Bornéo.
2. De Guinée, du Congo.
3. Des Indes et de leur archipel.
4. Ou cynocéphales. D'Afrique.
5. D'Afrique.
6. Il y a plusieurs makis, mais tous de Madagascar.
7. On en connaît deux : le loris paresseux et le loris grêle.

tapir[1] le pécari, le tajassou, le lama, l'alpaca[2], la vigogne, le cabiai, le paca, l'agouti, l'acouchi, le cochon d'Inde, les mouffettes, etc.

Il en est de même des fourmiliers proprement dits : le tamanoir, le tamandua, le fourmilier à deux doigts, etc.

Il faut en dire autant des tatous[3], des paresseux[4], des sarigues[5] : il faut le dire surtout, et avec une attention particulière, des sarigues, ces animaux qui, seuls, auraient suffi pour mériter au Nouveau-Monde le nom de nouveau, car ils nous ont offert un mode de *génération vivipare* inconnu jusque-là, le mode de génération propre aux *animaux à bourse*.

L'Amérique, particulièrement l'Amérique du Sud, a donc sa population distincte, sa population qui n'est qu'à elle ; et Buffon pose, avec assurance, sa grande loi, savoir : « Qu'aucun des animaux de la zone torride dans l'un

1. Il y a deux tapirs propres à l'Amérique. Le tapir de l'Inde est une espèce distincte de ces deux-là.

2. L'alpaca est une variété du lama, caractérisée par de longs poils laineux.

3. Il y a plusieurs tatous, mais tous sont propres à l'Amérique.

4. On n'en connaît que deux : l'aï et l'unau.

5. On les a nommés sarigues, opossums, cayopolins, etc.; une espèce est la marmose : tous sont d'Amérique.

des continents ne se trouve dans l'autre [1]. »

Je dis *particulièrement l'Amérique du Sud*. En effet, il n'en est pas absolument de même pour l'Amérique du Nord. L'Amérique du Nord a quelques espèces de l'ancien continent : le renne, l'élan, le loup[2], le castor, par exemple; mais, d'abord, ces espèces communes sont en très petit nombre; en second lieu, les deux continents, séparés au midi par des mers immenses, se rap-

1. Tome IX, page 96. « Les animaux des parties méridionales de chacun des continents n'existent point dans l'autre. » (Tome IX, page 96). « ... Il en est de même de tous les autres animaux des parties méridionales de notre continent : aucun ne s'est trouvé dans les parties méridionales de l'autre. J'ai démontré cette vérité par un si grand nombre d'exemples, qu'on ne peut la révoquer en doute. » (Tome V, page 176. *Suppléments*). « Aucun des animaux de l'Amérique méridionale ne ressemble assez aux animaux des terres du midi de notre continent, pour qu'on puisse les regarder comme de la même espèce ; ils sont, pour la plupart, d'une forme si différente, que ce n'est qu'après un long examen qu'on peut les soupçonner d'être les représentants de quelques-uns de ceux de notre continent. Quelle différence de l'éléphant au tapir, qui cependant est de tous le seul qu'on puisse lui comparer, mais qui s'en éloigne déjà beaucoup par la figure, et prodigieusement par la grandeur ; car ce tapir, cet éléphant du Nouveau-Monde, n'a ni trompe ni défenses, et n'est guère plus grand qu'un âne. Aucun animal de l'Amérique méridionale ne ressemble au rhinocéros, aucun à l'hippopotame, aucun à la girafe ; et quelle différence encore entre le lama et le chameau, quoiqu'elle soit moins grande qu'entre le tapir et l'éléphant! » (Tome V, page 178, *Suppléments*).

2. Le loup commun ou proprement dit.

prochent beaucoup vers le nord; on peut donc croire, avec Buffon, que les espèces communes en ce point aux deux continents ont passé de l'un à l'autre.

Chaque continent, ou, si l'on veut plus de rigueur, chaque midi des deux continents a donc sa population distincte, sa population propre : c'est là le beau, le grand fait que Buffon a su révéler à l'admiration des naturalistes. Et les naturalistes ordinaires, les naturalistes contemporains ont eu beau contredire : plus on a étudié, plus on a approfondi ces grandes questions, plus on s'est livré à des recherches, à des comparaisons exactes, plus on s'est convaincu que Buffon avait eu raison : il avait vu de haut, il avait vu avec génie ; et, cette fois-ci encore, la vue haute, la vue de génie s'est trouvée la vue juste.

Chose remarquable, il n'est pas une erreur de détail échappée à Buffon dont on n'ait voulu tirer parti pour combattre sa belle loi, et il n'est pas une de ces erreurs qui, complétement corrigée, ne soit venue confirmer cette loi par un fait nouveau.

On ne connut d'abord d'animaux à bourse que les sarigues, que les animaux à bourse d'Amérique. On en était là, lorsque Buffon reçut, sous le nom de *rat de Surinam*, l'animal à bourse qu'il nomma *phalanger*, et il le crut d'Amérique.

Eh bien, il y avait là une erreur ; car l'animal qu'il avait appelé phalanger n'était pas d'Amérique : aucun animal de ce genre n'est d'Amérique ; tous les phalangers sont des terres australes. On s'empressa de relever l'erreur de Buffon, et Buffon s'empressa de la corriger : mais sa belle loi n'en souffrit pas ; car l'Amérique, qui a les sarigues, n'a point de phalangers, et les terres australes, qui ont les phalangers, n'ont point de sarigues[1].

Il venait de dire, et avec raison, que les fourmiliers proprement dits sont tous d'Amérique. Sur ces entrefaites, Vosmaër, directeur du cabinet d'histoire naturelle de Leyde, reçoit du Cap un animal qui se nourrit aussi de fourmis, et il se flatte que la loi de Buffon en sera compromise. Mais le fourmilier du Cap, le *cochon de terre*, comme on l'appelait alors, l'*oryctérope*, comme on l'appelle aujourd'hui, est un animal tout à fait

1. « Je crois que cette critique est juste, et que le phalanger appartient en effet aux Indes orientales et méridionales ; mais, quoiqu'il ait quelque ressemblance avec les opossums ou sarigues, je n'ai pas dit qu'il fût du même genre ; j'ai, au contraire, assuré qu'il différait de tous les sarigues, marmoses et cayopolins, par la conformation des pieds, qui me paraissait unique dans cette espèce. Ainsi, je ne me suis pas trompé en avançant que le genre des opossums ou sarigues appartient au nouveau continent, et ne se trouve nulle part dans l'ancien. » (Tome VII, page 272, *Suppléments*).

distinct des fourmiliers d'Amérique, et la loi de Buffon reste tout entière. Voici la réponse de Buffon lui-même : « Nous avons dit et répété souvent qu'aucune espèce des animaux de l'Afrique ne s'est trouvée dans l'Amérique méridionale, et que, réciproquement, aucun des animaux de cette partie de l'Amérique ne s'est trouvé dans l'ancien continent. L'animal dont il est ici question a pu induire en erreur des observateurs peu attentifs, tels que M. Vosmaer, mais on va voir par sa description et par la comparaison de sa figure avec celle des fourmiliers d'Amérique qu'il est d'une espèce très différente [1]. »

Ce Vosmaër, un des opposants les plus obstinés qu'ait jamais rencontrés une grande idée, avait dit que la belle loi de Buffon ne reposait que sur des *propositions idéales*. Buffon répond : « Cette assertion n'est point fondée sur des propositions idéales, comme le dit M. Vosmaër, puisqu'elle est, au contraire, établie sur le plus grand fait, le plus général, le plus inconnu à tous les naturalistes avant moi ; ce fait est que les animaux des parties méridionales de l'ancien continent ne se trouvent pas dans le nouveau, et que réciproquement ceux de l'Amérique méridionale ne se trouvent point dans l'ancien continent [2]. »

1. Tome VI, page 230, *Suppléments*.
2. Tome VII, page 129, *Suppléments*.

Buffon dit ailleurs : « Ce n'est pas qu'absolument parlant, et même raisonnant philosophiquement, il ne fût possible qu'il se trouvât dans les climats méridionaux des deux continents quelques animaux qui seraient précisément de la même espèce... ; mais il ne s'agit pas ici d'une possibilité philosophique, qu'on peut regarder comme plus ou moins probable : il s'agit d'un fait et d'un fait très général, dont il est aisé de présenter les nombreux et très nombreux exemples. Il est certain qu'au temps de la découverte de l'Amérique, il n'existait dans ce nouveau monde aucun des animaux que je vais nommer : l'éléphant, le rhinocéros, l'hippopotame, la girafe, le chameau, le dromadaire, le buffle, le cheval, l'âne, le lion, le tigre, les singes, les babouins, les guenons, etc., et que, de même, le tapir, le lama, la vigogne, le pécari, le couguar, le jaguar [1], l'agouti, le paca, le coati, l'unau, l'aï, etc., n'existaient point dans l'ancien continent. Cette multitude d'exemples, dont on ne peut nier la vérité, ne suffit-elle pas pour qu'on soit au moins fort en garde lorsqu'il s'agit de prononcer, comme le fait

1. « Buffon a méconnu le jaguar, qu'il a pris pour la panthère de l'ancien continent, et il n'a pas bien distingué la panthère du léopard.... » (Cuvier, *Règne animal*, tome I, page 162). La distinction exacte de ces espèces a été faite depuis, et la loi de Buffon en a été confirmée.

ici M. Vosmaër, que tel ou tel animal se trouve également dans les parties méridionales des deux continents [1] ? »

En comparant les uns aux autres les animaux de l'Amérique et ceux de l'ancien continent, Buffon a fait deux remarques, toutes deux très importantes.

La première est que la nature vivante paraît, en général [2], beaucoup moins grande, beaucoup moins forte dans le Nouveau-Monde que dans l'ancien.

Par exemple, le tapir est l'animal le plus gros de l'Amérique, le lama en est le plus grand ; mais le tapir n'approche pas de l'éléphant, du rhinocéros, de l'hippopotame ; le lama n'approche pas du chameau, du dromadaire, de la girafe ; le jaguar, qui est l'animal le plus terrible du Nouveau-Monde, n'est pas aussi fort, à beaucoup près, que le lion, que le tigre, etc., etc.

La seconde remarque de Buffon est plus importante encore : c'est que les animaux du Nouveau-Monde, comparés à ceux de l'ancien, forment comme une nature parallèle, collatérale, comme un second règne animal, qui correspond presque partout au premier.

1. Tome III, page 270, *Suppléments*.

2. Je dis *en général*, car cette remarque de Buffon ne s'applique guère qu'aux quadrupèdes.

Dans l'ordre des pachydermes, le tapir, le pécari, le tajassou, répondent à nos cochons, à nos sangliers, à notre tapir [1]; dans l'ordre des *chats*, le couguar, le jaguar, l'ocelot, répondent à nos lions, à nos tigres, à nos panthères, etc. ; nos ruminants sont représentés, dans le Nouveau-Monde, par le lama, par l'alpaca, par la vigogne, etc.; nos rongeurs, par le cabiai, le paca, l'agouti, le cochon d'Inde, etc. ; nos singes, par les singes qui lui sont propres [2]; et nos fourmiliers, le pangolin et le phatagin [3], par des fourmiliers qui ne sont qu'à lui, le tamanoir, le tamandua, etc., etc.

Cependant, le Nouveau-Monde a une nature vivante qui n'a point de nature parallèle dans l'ancien monde. Les tatous, les paresseux, les sarigues, n'appartiennent qu'au Nouveau-Monde, et n'ont point de représentants dans l'ancien.

De ces trois genres d'animaux, le plus important à considérer sous le rapport qui m'occupe en

1. Le tapir de l'Inde.

2. « Comme les singes, les babouins et les guenons ne se trouvent que dans l'ancien continent; on doit regarder les sapajous et les sagouins comme leurs représentants dans le nouveau. » (Tome XIV, page 368).

3. « Les fourmiliers, qui sont des animaux très singuliers, et dont il y a trois ou quatre espèces dans le Nouveau-Monde, paraissent aussi avoir leurs représentants dans l'ancien; le pangolin et le phatagin leur ressemblent par le caractère unique de n'avoir point de dents, et d'être forcés, comme eux, à tirer la langue et vivre de fourmis. » (Tome XIV, page 371).

ce moment, est celui des sarigues ou des animaux à bourse de l'Amérique. Pour trouver les représentants des sarigues, il faut quitter l'ancien monde proprement dit, c'est-à-dire l'Europe, l'Afrique et l'Asie, il faut passer jusqu'aux terres australes. Mais ici nous touchons à un fait aussi étonnant, peut-être, que celui que nous a offert l'Amérique : nous touchons à une population animale toute nouvelle.

De même que l'Amérique nous a donné le couguar, le jaguar, le tapir, le cabiai, le lama, la vigogne, les paresseux, les tatous, les fourmiliers, les sarigues, les sapajous, etc., tous animaux inconnus à l'ancien monde; de même la Nouvelle-Hollande nous a donné les kanguroos, les phascolomes, les dasyures, les péramèles, les phalangers volants, les ornithorinques, les échidnés, etc., tous animaux inconnus au nouveau comme à l'ancien monde.

Et remarquez comment la progression s'est établie.

L'Amérique nous offrait déjà les sarigues, animaux à génération vivipare nouvelle; mais à côté de ces animaux à génération vivipare nouvelle, s'en trouvaient une foule d'autres à génération vivipare ordinaire. Les animaux à génération vivipare ordinaire dominaient encore dans l'Amérique. Dans la Nouvelle-Hollande, c'est tout le contraire : à deux ou trois exceptions près, tous les animaux y ont la génération des sarigues. Tous les animaux de la Nouvelle-Hollande que je viens de nommer sont des animaux à bourse [1].

M. Cuvier a eu l'heureuse idée de faire un groupe à part des animaux à bourse [2] ; et cela seul lui a découvert dans ce groupe une classe parallèle à celle des mammifères ordinaires : les sarigues, les dasyures, les péramèles, répondent aux insectivores, tels que les tenrecs et les taupes; les phalangers et les potoroos, aux hérissons et aux musaraignes ; les phascolomes, aux rongeurs [2]; et les ornithorinques, les échidnés, aux édentés ordinaires.

Voilà donc trois populations animales bien prononcées : celle du midi de l'ancien monde, celle du midi du nouveau, et celle de la Nouvelle-Hollande. Mais ces trois populations animales ne sont pas les seules.

Au point où en est la science, il est facile de distinguer aujourd'hui plusieurs centres de populations animales distinctes : celui de l'Amérique du Midi, celui de l'Amérique du Nord, celui de

1. Les ornithorinques et les échidnés n'ont pas de poche, mais ils ont les *os marsupiaux*, ou le caractère intérieur qui répond à la poche.

2. Ou *marsupiaux*.

3. Les kanguroos proprement dits n'ont pas de terme de comparaison bien marqué.

l'Afrique méridionale, celui de l'Inde, celui de l'Afrique du Nord, celui de l'Asie centrale, celui de l'Asie du Nord, celui de l'Europe, celui de la Nouvelle-Hollande, et d'autres encore.

Chacun de ces centres a ses animaux propres.

L'Amérique méridionale a les sapajous [1], les sajous, les alouattes, les atèles, les coaïtas, les sakis [2], les sagouins, les ouistitis, etc. ; le puma, le jaguar, le jaguarondi, l'ocelot, le raton-crabier, le loup rouge, le renard du Brésil, le grison, le taïra, les coatis, roux et brun, la mouffette *chinché*, etc. ; le cabiai, le coendou, l'agouti, l'acouchi, l'apéréa [3], le chinchilla, etc. ; les sarigues, les fourmiliers, les paresseux, les tatous, les pécaris, les tapirs, le lama, la vigogne, plusieurs cerfs, etc.

L'Amérique du Nord a plusieurs écureuils, plusieurs marmottes, l'ondatra ou rat musqué du Canada, le lemming de la baie d'Hudson, etc. ; un blaireau, plusieurs renards, plusieurs martes, l'ours noir, l'ours terrible [4], un raton, un glouton, plusieurs loups, etc. ; le cerf du Canada, le bison,

1. Sapajous, ou singes à queue prenante.

2. Sakis, ou singes à queue non prenante.

3. C'est la souche du cochon d'Inde.

4. On ne sait pas bien encore si cet *ours terrible* est une espèce différente de l'ours brun d'Europe. Voyez Cuvier : *Règne animal*, tome I, page 136.

le bœuf musqué, etc. Je ne parle pas des espèces qui lui sont communes avec le nord de l'ancien continent, l'élan, le renne, etc.

L'Afrique méridionale et l'Inde méritent d'être comparées, ou plutôt opposées l'une à l'autre ; car l'Inde n'a aucune des espèces de l'Afrique méridionale, et réciproquement l'Afrique méridionale n'a aucune des espèces de l'Inde.

L'Afrique méridionale a l'éléphant d'Afrique, le rhinocéros d'Afrique, l'hippopotame, le sanglier à masque, l'oryctérope, le phatagin ou pangolin à longue queue, le chimpansé, toutes les guenons, le papion noir, le babouin, le drill, le mandrill, les galagos, l'hyène tachetée, l'hyène brune, la civette, le léopard, le serval, etc. ; le zèbre, le couagga, le daw, un grand nombre d'antilopes, etc., etc.

L'Inde a l'éléphant, le rhinocéros, le tapir des Indes, plusieurs macaques, plusieurs semnopithèques, les loris ou singes paresseux, une loutre, le zibeth, une genette, le paradoxure, une mangouste, l'ours jongleur, le pangolin proprement dit ou pangolin à queue courte, le guépard, plusieurs cerfs, plusieurs antilopes, etc., etc.

L'Afrique du Nord, jointe à l'Arabie, à la Perse, etc., a aussi ses espèces : l'hyène rayée, le lion, la panthère, l'once, la gerbille des Pyramides, celle de Nubie, la gazelle, le caracal [1], le lynx des marais, le lynx botté, plusieurs antilopes, etc.

L'Asie centrale nous donne le cheval, l'hémione, l'âne, le chameau, le dromadaire, l'ours du Thibet, le chevrotain qui porte le musc ; plusieurs antilopes ; le yack ou vache grognante de Tartarie, etc. L'Asie du Nord, jointe à l'Europe du Nord, nous offre le glouton du Nord, l'hermine, la marte zibeline, le lemming, le zocor, l'élan, le renne, etc. Nous trouvons dans l'Europe centrale le cerf et le chevreuil communs, l'aurochs, le loir, le lérot ; le loup, le renard, le lynx, la genette, le blaireau d'Europe, etc.

J'ai déjà nommé les principaux genres de la population de la Nouvelle-Hollande ; mais évidemment l'archipel indien forme un centre à part et présente une population animale distincte, quoiqu'on l'ait réuni à la Nouvelle-Hollande sous le nom commun d'Océanie.

L'archipel indien a une population propre et même très remarquable : il a le rhinocéros de Java, celui de Sumatra ; il a l'orang-outang, les gibbons, plusieurs semnopithèques, l'ours malais, etc. ; et cette population, qui le sépare de la

1. « C'est le vrai lynx des anciens... » (Cuvier, *Règne animal*, tome I, page 164).

Nouvelle-Hollande, le rapproche beaucoup du continent de l'Inde.

Au contraire, les Moluques, Célèbes, la Nouvelle-Guinée, Aroé, Solor, etc., se rattachent à la Nouvelle-Hollande par leurs phalangers, par leurs kanguroos, etc.

Sur une autre partie du globe, je trouve l'île de Madagascar, laquelle semble former encore un centre distinct de population animale, car j'y vois plusieurs animaux qui ne sont que là, qui ne sont pas même en Afrique : les makis, l'indri, ce singe à démarche lente, et que les habitants de Madagascar apprivoisent et dressent comme un chien pour la chasse[1] ; le singulier rongeur qu'on appelle *aye-aye*, etc.

Chaque animal, chaque espèce a donc, comme le dit Buffon, son pays, sa *patrie naturelle*[2] ; des lois, demeurées longtemps inconnues, président donc à la distribution des animaux sur le globe ; une science nouvelle naît qui lie la zoologie, ou, pour parler d'une manière plus générale, l'histoire naturelle à la géographie ; une lumière nouvelle éclaire les rapports des choses créées ; et tous

1. « Sa démarche lente, qui l'avait fait prendre pour un paresseux, a engagé quelques auteurs à soutenir, contre Buffon et contre la vérité, que le genre des paresseux existe aussi en Asie. » (Cuvier, *Règne animal,* tome I, page 108).

2. Tome IX, page 2.

ces grands résultats sont dus à la forte et puissante *patience* [1] d'un heureux génie qui a su combiner des faits pour en tirer des idées [2].

« Dans les animaux, dit Buffon, l'influence du climat est plus forte et se marque par des caractères plus sensibles, parce que les espèces sont diverses et que leur nature est infiniment moins perfectionnée, moins étendue que celle de l'homme. Non seulement les variétés dans chaque espèce sont plus nombreuses et plus marquées que dans l'espèce humaine ; mais les différences mêmes des espèces semblent dépendre des différents climats ; les unes ne peuvent se propager que dans les pays chauds, les autres ne peuvent subsister que dans les climats froids : le lion n'a jamais habité les régions du Nord, le renne ne s'est jamais trouvé dans les contrées du Midi ; et il n'y a peut-être aucun animal dont l'espèce soit, comme celle de l'homme, généralement répandue sur toute la surface de la terre ; chacun a son pays, sa patrie naturelle dans laquelle chacun est retenu par nécessité physique ; chacun est fils de la terre qu'il habite, et c'est dans ce sens qu'on doit dire que

1. Buffon disait : « Le génie n'est qu'une plus grande aptitude à la patience. » (Hérault de Séchelles, *Voyage à Montbard*, page 15).

2. « Rassemblons des faits pour nous donner des idées. » (Tome II, page 18).

tel ou tel animal est originaire de tel ou tel climat[1]. »

Les animaux sont donc sous la dépendance du sol ; leurs espèces changent avec les climats : l'espèce humaine seule a le privilége d'être partout la même, et cela par la grande et belle raison qu'en donne Buffon, parce qu'elle est une.

« Dans l'espèce humaine, dit Buffon, l'influence du climat ne se marque que par des variétés assez légères, parce que cette espèce est une, et qu'elle est très distinctement séparée de toutes les autres espèces : l'homme, blanc en Europe, noir en Afrique, jaune en Asie et rouge en Amérique, n'est que le même homme teint de la couleur du climat : comme il est fait pour régner sur la terre, que le globe entier est son domaine, il semble que sa nature se soit prêtée à toutes les situations ; sous les feux du Midi, dans les glaces du Nord, il vit, il multiplie, il se trouve partout si anciennement répandu, qu'il ne paraît affecter aucun climat particulier[2]. »

Je viens d'examiner les idées de Buffon sur les rapports des animaux avec le globe; j'examinerai, dans le chapitre suivant, ses idées sur l'indépendance propre de l'espèce humaine et sur l'unité de l'homme.

1. Tome IX, page 2.
2. Tome IX, page 1.

CHAPITRE IX.

VARIÉTÉS DE L'ESPÈCE HUMAINE. — UNITÉ DE L'HOMME.

Buffon agrandit toutes les questions auxquelles il touche ; il fait plus, il crée des questions nouvelles.

Avant lui, l'*histoire naturelle de l'homme* n'existait pas. On étudiait l'homme *individu ;* on n'étudiait pas l'homme *espèce*[1]. Depuis lui, l'étude des *variétés*, des *races humaines,* est devenue une science particulière. Telle est la puissance du génie : une vue de Buffon nous donne les lois de la distribution des animaux sur le globe[2] ; une autre vue nous donne la science des *races hu-*

1. « Tout ce que nous avons dit jusqu'ici de la génération de l'homme, de sa formation, de son développement, de son état dans les différents âges de sa vie, de ses sens et de la structure de son corps, telle qu'on la connaît par les dissections anatomiques, ne fait encore que l'histoire de l'individu ; celle de l'espèce demande un détail particulier, dont les faits principaux ne peuvent se tirer que des variétés qui se trouvent entre les hommes des différents climats. » (Tome III, page 371).

2. Voyez le précédent chapitre.

maines, et le vrai principe sur lequel cette science se fonde : l'*unité de l'homme*.

Il ne faut compter pour rien le peu qu'ont dit les anciens touchant les différences physiques des hommes. Aristote, qui relève quelques erreurs d'Hérodote, en adopte une foule d'autres. Il croit, par exemple, qu'il y a des peuples androgynes ; il va même jusqu'à distinguer, dans ces androgynes, le sein droit, qui, dit-il, est celui de l'homme, du sein gauche, qui est celui de la femme [1].

Pline parle de peuples qui n'ont qu'un œil, de peuples qui ont les pieds tournés en arrière, etc. ; il parle, sur la foi de Ctésias, de peuples qui, faute de bouche, se nourrissent par l'odorat et la respiration, et même de peuples sans tête et qui ont les yeux sur les épaules [2].

Nos modernes n'ont guère mis, d'abord, plus de critique dans ce qu'ils ont dit sur cette importante matière. Rondelet, l'excellent naturaliste Rondelet, décrit gravement un *évêque* ou *moine marin*, moitié poisson, moitié homme, « lequel avait, dit-il, face d'homme, mais rustique et mal gracieuse [3]. » Maupertuis, écrivait des dis-

1. « Aristoteles adjicit dextram mammam iis virilem, lævam muliebrem esse. » (Pline, liber VII, caput II).

2. Pline, liber VII, caput II.

3. *L'Histoire entière des poissons*, etc. 1558, page 362.

sertations sur les *Patagons*[1]; et, malheureusement pour lui, il les écrivait dans le siècle où plaisantait Voltaire.

Buffon est le premier qui ait porté la critique dans l'histoire naturelle. La critique est une partie de l'esprit philosophique ; et Buffon avait le vrai esprit philosophique , celui qui édifie, et non pas celui qui renverse.

Son *Histoire naturelle de l'homme* parut en 1749, à la suite de sa *Théorie de la terre*. Après avoir admiré, dans la *Théorie de la terre*, la grandeur du sujet et la magnificence des vues, on admira , dans l'*Histoire naturelle de l'homme*, la finesse des aperçus, une analyse délicate et profonde, une métaphysique d'un ordre supérieur, qui rappelait la grande philosophie de Descartes, et qui avait le mérite de la rappeler à une époque où les idées de Locke[2], propagées par Condillac[3], commençaient à la faire tomber dans l'oubli.

La partie la plus neuve de cette *Histoire naturelle de l'homme* est le chapitre sur les *Variétés dans l'espèce humaine*[4]. Ici Buffon joint à une érudition admirable une sagacité plus admirable encore. « La critique , a dit un écrivain plein de

1. *Lettres sur le progrès des sciences.*
2. *Essai sur l'entendement humain*, 1690.
3. *Essai sur l'origine des connaissances humaines*, 1746.
4. Tome III, page 371.

sens, est l'art d'examiner les preuves[1]. » Jamais cet art n'avait été porté plus loin. Buffon rassemble tout ce qu'ont dit les voyageurs, les naturalistes, les géographes ; il compare entre eux tous ces auteurs, de si différente nature ; il les juge, il les corrige ; il démêle, dans leurs récits, le vrai du faux ; ce qu'ils n'ont vu qu'avec les yeux du corps, il le voit avec les yeux de l'esprit[2], et par cela seul il le voit mieux ; chacun d'eux n'a vu, d'ailleurs, que quelques traits épars ; Buffon voit tout : il rapproche ce qu'ils ont séparé ; il sépare ce qu'ils ont confondu ; et de ces mille faits petits, obscurs, perdus dans leurs livres, il tire une science entière, et qui est immense.

On a beaucoup écrit, depuis Buffon, sur les *races humaines :* je mets tout de suite hors de ligne les travaux de Camper, de Blumenbach, de M. Cuvier ; mais d'abord, ces beaux travaux ne sont venus qu'après celui de Buffon ; et ensuite, si l'on considère la vue complète, la vue profonde, la vue d'ensemble, le travail de Buffon reste sans égal.

Blumenbach, en parlant de Buffon, se borne à dire : « Buffon reconnaît dans l'espèce humaine six variétés dont voici les noms : la polaire ou la-

1. Fleury, *Discours sur l'histoire ecclésiastique.*
2. « Voilà, dit-il, ce que j'aperçois par la vue de l'esprit. »

pone, la tartare, que j'ai nommée mongole d'après son nom vulgaire, l'asiatique australe, l'européenne, la noire et l'américaine[1]. » Ce peu de mots n'est pas même exact. Buffon ne compte pas six races principales, il en compte quatre : la polaire ou lapone et l'asiatique australe ne sont que des variétés secondaires, des nuances déterminées, des *sous-races*.

M. Cuvier dit : « Buffon n'a pu parvenir à la détermination précise des races humaines, comme Blumenbach et d'autres auteurs l'ont fait depuis[2] ; » et ceci a quelque chose de vrai. La détermination des races humaines n'est pas aussi précise dans Buffon que dans Blumenbach, parce que Buffon n'a pas, comme Blumenbach, le secours de l'anatomie. Blumenbach voit mieux les traits opposés, les caractères précis, les *races tranchées ;* Buffon voit mieux les modifications graduées, les nuances suivies qui lient les races les unes aux autres : il voit mieux l'*unité de l'homme.*

Quatre races principales, simples variétés d'une espèce unique, se partagent le monde : la blanche, la noire, la jaune et la rouge ; ou, en d'autres termes, l'européenne, l'éthiopique, la mongolique et

1. *De l'Unité du genre humain et de ses variétés* (traduction française), page 294.

2. *Histoire des sciences naturelles* (cours au collége de France), tome IV, page 173.

l'américaine. « L'homme, dit Buffon, blanc en Europe, noir en Afrique, jaune en Asie et rouge en Amérique, n'est que le même homme teint de la couleur du climat [1]. »

Voilà donc quatre races principales dans l'espèce humaine, comme il y a quatre parties principales du monde.

La race *tartare* [2] occupe un espace immense. Elle s'étend de la Russie jusqu'à l'Inde. C'est proprement la race d'Asie. Les Tartares, ou plutôt les Mongols, les Kalkas, les Calmouques, les Chinois, les Mantchoux, les Japonais, les Coréens, les peuples de Siam, de Tonkin, du Thibet. etc., etc., forment cette race. Tous ces peuples ont le haut du visage large, le nez court et gros, les yeux petits et enfoncés, les joues élevées, la face plate, le teint olivâtre, les cheveux droits et noirs. On retrouve le sang tartare en Europe, dans les Lapons; en Amérique, dans les Esquimaux, etc. « Les Lapons, les Samoïèdes, les Borandiens, les Zembliens, et peut-être les Groënlandais et les Pygmées du nord de l'Amérique, sont, dit Buffon, des Tartares dégénérés autant qu'il est possible; les Ostiaques sont des Tartares qui ont moins dégénéré; les Tonguses encore moins que les Ostiaques. etc., [3].»

1. Tome IX, page 2.
2. Ou *asiatique*, ou *mongole*, ou *jaune*.
3. Tome III, page 379.

Buffon n'est pas moins heureux, c'est-à-dire moins profondément savant, lorsqu'il pose les limites de la race *caucasique* ou blanche. Cette grande race, qui est la race d'Europe, étend ses rameaux jusque dans l'Inde. « Nous trouvons, dit Buffon, que les habitants du Mogol et de la Perse[1], les Arméniens, les Turcs, les Géorgiens, les Mingréliens, les Circassiens, les Grecs et tous les peuples de l'Europe, sont les hommes les plus beaux, les plus blancs et les mieux faits de toute la terre, et que, quoiqu'il y ait fort loin de Cachemire en Espagne, ou de la Circassie à la France, il ne laisse pas d'y avoir une singulière ressemblance entre ces peuples si éloignés les uns des autres[2]. »

Buffon est encore le premier qui nous ait appris à démêler toutes ces variétés si nombreuses dont se compose la race noire. « Il y autant de variétés, dit-il, dans la race des noirs que dans celle des blancs ; les noirs ont, comme les blancs, leurs Tartares et leurs Circassiens...[3] » — « En examinant en particulier, dit-il encore, les différents peuples qui composent chacune de ces races noi-

1. « Les anciens Perses ont la même origine que les Indiens, et leurs descendants portent encore à présent les plus grandes marques de rapports avec nos peuples d'Europe. » (Cuvier, *Règne animal*, tome 1, page 82).

2. Tome III, page 433.

3. Tome III, page 413.

res, nous y verrons autant de variétés que dans les races blanches, et nous y trouverons toutes les nuances du brun au noir, comme nous avons trouvé, dans les races blanches, toutes les nuances du brun au blanc [1]. »

A propos de la race rouge ou américaine, il fait une remarque qui a été confirmée depuis, savoir, que, dans cette race, la diversité des *sous-races* n'est pas, à beaucoup près, aussi prononcée que dans la race noire. « Autant on trouve, dit-il, de variété dans les peuples de l'Afrique, autant il y a d'uniformité dans la couleur et dans la forme des habitants naturels de l'Amérique [2]. » Il dit encore : « Il n'y a, pour ainsi dire, dans tout le nouveau continent, qu'une seule et même race d'hommes, qui tous sont plus ou moins basanés ; et, à l'exception du nord de l'Amérique, où il se trouve des hommes semblables aux Lapons...., tout le reste de cette vaste partie du monde ne contient que des hommes parmi lesquels il n'y a presque aucune diversité [3]... »

Blumenbach a fait une race particulière de ce peuple *malais,* qui s'est répandu sur toutes les côtes de l'archipel indien. Cette race, ou, pour

1. Tome III, page 454.
2. Tome III, page 517.
3. Tome III, page 510.

parler ici le langage même de la zoologie, cette *coupe* se trouvait déjà indiquée dans Buffon. « Tous ces peuples, dit-il (les Siamois, les Péguans, etc.), ne diffèrent pas beaucoup des Chinois, et tiennent encore des Tartares les petits yeux, le visage plat, la couleur olivâtre ; mais, en descendant vers le midi, les traits commencent à changer d'une manière plus sensible, ou, du moins, à se diversifier. Les habitants de la presqu'île de Malaca et de l'île de Sumatra sont noirs[1]... » Il ajoute : « Les Malais et les peuples de Sumatra et des petites îles voisines diffèrent des Chinois et par les traits et par la forme du corps[2]..... »

Après avoir séparé les Malais des Japonais et des Chinois, il sépare les Papous des Malais.

« Les Papous et les autres habitants des terres voisines de la Nouvelle-Guinée sont, dit-il, de vrais noirs, et ressemblent à ceux d'Afrique, quoiqu'ils en soient prodigieusement éloignés[3]. »

Je n'en finirais pas si je voulais indiquer ici tout ce que les successeurs de Buffon lui ont emprunté, ou même tout ce qu'on pourrait lui emprunter encore. Mais j'oublierais, je sacrifierais, comme tant d'autres, pour quelques vues de détail, la grande

1. Tome III, page 395.
2. Tome III, page 398.
3. Tome III, page 410.

et principale vue, la vue de l'*unité de l'homme.*

Tout, dans le travail de Buffon, tend à un grand objet, et ce grand objet est de prouver l'*unité de l'homme.*

J'ai déjà cité cette belle phrase : « L'homme, blanc en Europe, noir en Afrique, jaune en Asie et rouge en Amérique, n'est que le même homme teint de la couleur du climat [1]. »

Buffon dit ailleurs : « Lorsque, après des siècles écoulés, des continents traversés, et des générations déjà dégénérées par l'influence des différentes terres, l'homme a voulu s'habituer dans des climats extrêmes, et peupler les sables du Midi et les glaces du Nord, les changements sont devenus si grands et si sensibles, qu'il y aurait lieu de croire que le nègre, le lapon et le blanc forment des espèces différentes, si l'on n'était assuré... que ce blanc, ce Lapon et ce nègre, si dissemblants entre eux, peuvent cependant s'unir ensemble et propager en commun la grande et unique famille de notre genre humain : ainsi leurs taches ne sont point originelles ; leurs dissemblances n'étant qu'extérieures, ces altérations de nature ne sont que superficielles ; et il est certain que tous ne font que le même homme [2]. »

1. Tome IX, page 2.
2. Tome XIV, page 311.

L'*unité de l'homme* posée, Buffon se demande quelles sont les causes qui produisent les *variétés humaines ;* et il en trouve trois principales : le climat, la nourriture et la manière de vivre.

« Tout, dit-il, concourt à prouver que le genre humain n'est pas composé d'espèces essentiellement différentes entre elles, et qu'au contraire il n'y a eu originairement qu'une seule espèce d'hommes, qui, s'étant multipliée et répandue sur toute la surface de la terre, a subi différents changements par l'influence du climat, par la différence de la nourriture, par celle de la manière de vivre [1]... »

De ces trois causes, le climat est la principale : car les deux autres tiennent à celle-là, et même en dépendent.

« J'admets, dit-il, trois causes qui, toutes trois, concourent à produire les variétés que nous remarquons dans les différents peuples de la terre. La première est l'influence du climat ; la seconde, qui tient beaucoup à la première, est la nourriture ; et la troisième, qui tient peut-être encore plus à la première et à la seconde, sont les mœurs [2]... »

Relativement à la couleur des hommes surtout, le climat est la première cause, et presque l'unique.

1. Tome III, page 529.
2. Tome III, page 447.

« On peut regarder, dit-il, le climat comme la cause première et presque unique de la couleur des hommes [1]... »

Il dit ailleurs : « La chaleur du climat est la principale cause de la couleur noire : lorsque cette chaleur est excessive, comme au Sénégal et en Guinée, les hommes sont tout à fait noirs ; lorsqu'elle est un peu moins forte, comme sur les côtes orientales de l'Afrique, les hommes sont moins noirs ; lorsqu'elle commence à devenir un peu plus tempérée, comme en Barbarie, au Mogol, en Arabie, etc., les hommes ne sont que bruns ; et enfin lorsqu'elle est tout à fait tempérée, comme en Europe et en Asie, les hommes sont blancs [2]... »

La chaleur est donc la grande cause qui modifie les hommes ; c'est elle, pour rappeler encore une fois la belle expression de Buffon, c'est elle qui les *teint de la couleur du climat ;* et, quoiqu'il y ait un nombre presque innombrable de *races* et de *sous-races humaines*, il n'y a pourtant qu'une seule *espèce humaine*, il n'y a qu'un *homme*.

Je m'arrête ici un moment : je viens d'exposer les idées de Buffon, et je me demande, à mon tour, ce qu'il faut penser sur cette grande question de l'*unité physique* de l'homme.

1. Tome III, page 528.
2. Tome III, page 526.

Je dis l'*unité physique*, et cependant il est bien difficile de ne voir, dans la question qui m'occupe, qu'une question de physique.

L'unité de l'homme est surtout dans l'unité de l'esprit, dans l'unité de l'âme de l'homme. L'âme de l'homme est partout la même. Je retrouve partout les mêmes vertus, les mêmes passions, les mêmes espérances, les mêmes craintes. « Les nègres, dit Buffon, sont naturellement compatissants et même tendres pour leurs enfants, pour leurs amis, pour leurs compatriotes ; ils partagent volontiers le peu qu'ils ont avec ceux qu'ils voient dans le besoin, sans même les connaître autrement que par leur indigence. Ils ont donc, comme l'on voit, le cœur excellent, ils ont le germe de toutes les vertus ; je ne puis écrire leur histoire sans m'attendrir sur leur état ; ne sont-ils pas assez malheureux d'être réduits à la servitude [1] ?... »

La question que j'examine ici n'est donc, pour moi, que la question de l'*unité physique de l'homme*. C'est une question de physique, qu'il faut résoudre par des faits physiques.

Or, le fait physique qui résout toute question d'unité d'*espèce* est le fait de la fécondité continue. Toutes nos races de chiens ne font qu'une seule espèce, parce que, en s'unissant ensemble, elles

1. Tome III, page 469.

donnent toutes des individus féconds, et d'une fécondité continue[1]. Le loup et le chien sont, au contraire, deux espèces distinctes, parce que, en s'unissant ensemble, ces deux espèces ne donnent que des individus stériles[2].

Toutes les races humaines ne font qu'une *espèce*, parce que, comme le dit Buffon, « elles peuvent s'unir ensemble et propager en commun la grande et unique famille du genre humain[3]. »

1. La *fécondité continue* est le caractère absolu de l'espèce : en effet, le mélange de quelques espèces très voisines est quelquefois fécond, mais il est toujours d'une *fécondité bornée :* le *mulet* de l'âne et du cheval est stérile dès la première ou dès la seconde génération ; celui du chien et du loup l'est dès la seconde ou dès la troisième, etc., etc. Voyez ci-devant, chapitre V, page 104.

2. Un peu plus tôt ou un peu plus tard, comme il vient d'être dit dans la note précédente.

3. Tome XIV, page 311. Buffon dit ailleurs : « On ne peut pas dire que ces hommes, tels que ceux des îles Mariannes, ou ceux d'Otahiti et des autres petites îles situées dans le milieu des mers à de si grandes distances de toutes terres habitées, ne soient néanmoins des hommes de notre espèce, puisqu'ils peuvent produire avec nous, et que les petites différences qu'on remarque dans leur nature ne sont que de légères variétés causées par l'influence du climat et de la nourriture. » (Tome V, page 189, *Suppléments*). Il dit encore, en un autre endroit ; « .... Comme l'espèce humaine nous est la mieux connue, voyons jusqu'où s'étendent ces mouvements de variation. Les hommes diffèrent du blanc au noir par la couleur, du double au simple par la hauteur de la taille, la grosseur, la légèreté, la force, etc., et du tout au rien pour l'esprit ; mais cette dernière qualité, n'ap-

Il ne peut y avoir ici place pour l'arbitraire. On a beau appeler *espèces* les simples *variétés* de l'espèce humaine. En changeant le nom, on ne change pas la chose. Ce qui caractérise l'espèce est un fait, ce qui caractérise la race est un autre fait ; ces deux faits sont essentiellement distincts, l'*espèce* et la *race* le sont donc aussi.

Rien ne sert plus à la clarté des idées que la précision des mots. Blumenbach écrit un livre pour prouver l'unité de l'espèce humaine, et il

partenant point à la matière, ne doit point être ici considérée ; les autres sont les variations ordinaires de la nature, qui viennent de l'influence du climat et de la nourriture ; mais ces différences de couleur et de dimension dans la taille n'empêchent pas que le blanc et le nègre, le Lapon et le Patagon, le géant et le nain, ne produisent ensemble des individus qui peuvent eux-mêmes se reproduire, et que par conséquent ces hommes, si différents en apparence, ne soient tous d'une seule et même espèce, puisque cette reproduction constante est ce qui constitue l'espèce. » (Tome IV, page 387). — « Si le nègre et le blanc ne pouvaient produire ensemble, si même leur production demeurait inféconde, si le mulâtre était un vrai mulet, il y aurait alors deux espèces bien distinctes : le nègre serait à l'homme ce que l'âne est au cheval, ou plutôt si le blanc était homme, le nègre ne serait plus un homme, ce serait un animal à part comme le singe, et nous serions en droit de penser que le blanc et le nègre n'auraient point eu une origine commune ; mais cette supposition même est démentie par le fait, et puisque tous les hommes peuvent communiquer et produire ensemble, tous les hommes viennent de la même souche, et sont de la même famille. » (Tome IV, page 388).

l'intitule : *De l'unité du genre humain* [1] ; un genre a des espèces, une espèce n'a que des variétés. Buffon, écrivant sur le même objet, et se proposant le même but, dit excellemment : *Variétés dans l'espèce humaine* [2].

L'espèce humaine est donc une. Mais, cette question résolue, il s'en présente une autre : à la question de *l'unité de l'espèce* succède la question de *l'unité des races.*

Nous faisons, chaque jour, des races nouvelles d'animaux domestiques. Nous en faisons quand nous voulons [3]. Ce n'est pas tout : ces races, une fois faites, rien n'est plus difficile que de les empêcher, si je puis ainsi dire, de se défaire. Il y a un art, et très compliqué, qui n'a d'autre objet que de conserver les races.

Pour chacune de nos espèces domestiques, toutes les races viennent si bien d'une race, que, dans certaines conditions données, toutes reviennent à une.

Nos chiens, nos chevaux, redevenus libres en

1. *De l'Unité du genre humain et de ses variétés.* (Traduction française. Paris. 1804).

2. Tome III, page 371.

3. « Comme le chien est perpétuellement sous les yeux de l'homme, dit Buffon, dès que, par un hasard assez ordinaire à la nature, il se sera trouvé, dans quelques individus, des singularités ou des variétés apparentes, on aura tâché de les perpé-

Amérique, sont revenus à une couleur uniforme, à un type unique. Le chien y a perdu son aboiement; il y a repris ses oreilles droites. Le cochon y est redevenu sanglier [1].

Toutes les races de nos animaux domestiques viennent donc d'une race, puisque toutes reviennent à une.

L'homme a, de même, une origine unique, un seul type, une souche une.

Deux caractères principaux distinguent les races humaines entre elles : l'un, pris de la forme des têtes osseuses; l'autre, pris de la couleur de la peau.

Camper est le premier qui ait mis quelque soin à faire remarquer aux naturalistes les différences physiques qui se trouvent entre les têtes des hommes.

Camper avait un génie facile, qu'il promenait partout, et qu'il ne fixait sur rien. En dessinant, à côté les unes des autres, des têtes d'homme blanc, d'homme noir, d'orang-outang, etc., il vit qu'une ligne, menée du front à la mâchoire supérieure, et tombant sur les dents incisives, s'in-

tuer en unissant ensemble ces individus singuliers, comme on le fait encore aujourd'hui, lorsqu'on veut se procurer de nouvelles races de chiens et d'autres animaux. » (Tome V, page 194).

1. Voyez ci-devant, chapitre IV, page 98.

clinait de plus en plus en arrière[1], à mesure qu'il passait de l'homme blanc à l'homme noir, et de l'homme noir à la brute.

Il y a donc une sorte de progrès gradué, une sorte d'échelle qui, du moins pour un certain rapport donné[2], s'élève du quadrupède au singe, du singe à l'homme, de l'homme noir à l'homme blanc ; et c'était là sans doute la remarque d'un fait curieux. Mais combien n'a-t-on pas abusé de ce fait curieux ? Que de conséquences outrées n'a-t-on pas voulu en tirer[3] ? Ne semblait-il pas que la *ligne faciale* devait tout donner, et qu'il serait désormais aussi facile de mesurer les *degrés*

1. Ou ce qui revient au même, que l'angle formé par cette ligne (qui est la *ligne faciale*) avec la ligne de la base du crâne, devenait de plus en plus aigu. (*Dissertation sur les variétés naturelles qui caractérisent la physionomie des hommes des divers climats*, etc., page 37).

2. La *ligne faciale* de Camper, prise absolument, ne donne que les saillies relatives du front et de la mâchoire supérieure.

3. Camper s'est vu obligé de combattre lui-même quelques-unes de ces conséquences les plus absurdes. « La singulière analogie qui existe, dit-il, entre la tête du singe et celle du nègre a porté quelques philosophes à cette idée extrême : s'il ne serait pas possible.... aux orangs-outangs de parvenir insensiblement par l'éducation à une extrême perfection, et de mériter, par la suite des temps, d'être placés au rang de l'espèce humaine. Ce n'est pas ici le moment de faire voir l'absurdité d'une pareille assertion.... » (*Dissertation sur les variétés naturelles qui caractérisent la physionomie des hommes*, etc., page 34).

de l'intelligence que les *degrés d'un angle?* Les hommes veulent toujours juger les choses délicates par des moyens grossiers. Il a fallu l'esprit perçant de La Bruyère, il a fallu le génie profond de Molière, pour soulever un coin du voile qui couvre les mystères du cœur humain. L'apprenti le plus novice en phrénologie passe la main sur un crâne, et vous assure qu'il a tout vu.

Loin d'être un moyen qui donne tout, la *ligne faciale* de Camper ne donne pas même les caractères physiques qui distinguent les têtes osseuses des races humaines, ou, du moins, elle ne donne ces caractères que pour quelques races.

« La ligne faciale, dit Blumenbach, convient seulement pour les races que caractérise la direction des mâchoires, et ne peut s'admettre quand la largeur de la face forme le caractère distinctif[1]. »

Ce qu'il ajoute peut être regardé comme l'expression d'une expérience consommée. « L'habitude et l'usage constant de ma collection de crânes me font connaître chaque jour davantage, dit-il, l'impossibilité d'assujettir les variétés des crânes à la règle d'un angle quelconque, la tête étant susceptible de tant de formes, et les parties qui la

1. *De l'Unité du genre humain*, etc. (traduction française), page 211.

composent, et déterminent plus ou moins le caractère national, étant de proportions et de directions si différentes [1]. »

En tirant parti de tous les caractères que peut fournir la forme des têtes osseuses, Blumenbach établit cinq races humaines : la *caucasique* ou blanche, la *mongolique* ou jaune, l'*éthiopique* ou noire, l'*américaine* ou rouge, et la *malaise*.

La *caucasique* se distingue par *la beauté de l'ovale que forme sa tête* [2]; la *mongolique*, par ses pommettes saillantes, son visage plat; l'*éthiopique*, par sa tête étroite, son nez écrasé : les deux autres, l'*américaine* et la *malaise*, ont des caractères moins précis [3].

Une tête plus ou moins ovale, des pommettes plus ou moins saillantes, un nez plus ou moins écrasé, etc., voilà donc les différences extrêmes que présentent les races humaines. Je dis *extrêmes*, et je le dis à dessein ; car ce que je compare ici, ce sont les races les plus opposées, les races

1. *De l'Unité du genre humain*, etc. (traduction française), page 213.

2. Voyez M. Cuvier, *Règne animal*, tome I, page 80.

3. « Les Américains n'ont pas de caractère à la fois précis et constant qui puisse en faire une race particulière. » (Cuvier, *Règne animal*, tome I, page 84). « Les Malais peuvent-ils être nettement distingués de leurs voisins des deux côtés, les Indous caucasiques et les Chinois mongoliques ? » (Cuvier, *Règne animal*, page 84).

les plus diverses. Et vous n'oublierez pas qu'entre ces races opposées, diverses, il y a une foule de variétés, de nuances intermédiaires, qui les joignent, qui les unissent les unes aux autres : aussi Blumenbach n'hésite-t-il pas à conclure que « les variétés innombrables qui composent le genre humain se confondent insensiblement les unes dans les autres[1]. »

Quelques différences, plus ou moins marquées, dans la forme des têtes, ne sont assurément pas des barrières que les races ne puissent franchir. Le lévrier et le dogue ont une tête très différente[2], et sont de la même espèce. Le cheval et l'âne ont une tête tout à fait semblable[3], et sont de deux espèces distinctes. Dans un cas, la différence des

1. *De l'Unité du genre humain*, etc., (traduction française), page 281. C'est aussi le sentiment de Camper. « Comme les différentes contrées du globe tiennent, dit-il, les unes aux autres, on n'aperçoit, en général, entre les divers peuples, qu'une différence graduelle, et qui ne devient remarquable qu'à de très grandes distances. » (*Dissertation sur les variations naturelles qui caractérisent la physionomie des hommes*, etc., page 16).

2. « Les différences apparentes d'un mâtin et d'un barbet, d'un lévrier et d'un doguin, sont plus fortes que celles d'aucunes espèces sauvages d'un même genre naturel. » (Cuvier, *Discours sur les révolutions de la surface du globe*).

3. « J'ai comparé avec soin les squelettes de plusieurs variétés de chevaux, ceux de mulet, d'âne, de zèbre et de couagga, sans pouvoir leur trouver de caractère assez fixe pour que j'osasse hasarder de prononcer sur aucune de ces espèces d'a-

têtes n'empêche pas l'unité d'espèce ; dans l'autre, la différence d'espèce n'empêche pas la ressemblance des têtes.

De quelques différences, plus ou moins marquées, que j'observe dans les têtes des hommes, je ne puis, évidemment, conclure l'origine propre, c'est-à-dire la distinction primitive, l'indépendance absolue des races humaines.

Ceux qui veulent une origine propre pour les races humaines, ne la veulent probablement pas pour toutes. A ceux qui la veulent pour trois, je demande pourquoi pas pour quatre? à ceux qui la veulent pour quatre, je demande pourquoi pas pour cinq? M. Cuvier admet trois races principales ; Camper [1] en admet quatre ; Blumenbach, cinq. Où sera la limite? Après les races viennent les sous-races. Faudra-t-il aussi des origines propres pour les sous-races?

Plus j'étudie ces grandes questions, plus tout semble me confirmer ce grand fait, savoir,

près un os isolé ; la taille même ne fournit que des moyens incomplets de distinction, les chevaux et les ânes variant beaucoup à cet égard, à cause de leur état de domesticité. » (Cuvier, *Recherches sur les ossements fossiles*, 1825, tome II, page 112).

1. « L'on partage assez communément les peuples de la même manière qu'on divise les grandes parties de la terre, c'est-à-dire en Européens, Africains, Asiatiques et Américains. » (Camper, *Dissertation sur les variations naturelles qui caractérisent la physionomie des hommes*, etc., page 16).

que l'espèce seule à une origine primitive et propre.

Le second caractère qui distingue les races humaines est celui de la couleur de la peau.

On ne peut voir, pour la première fois, un homme noir ou un homme rouge sans éprouver un étonnement profond. « Qui eût osé croire, s'écrie Pline, à l'existence des Ethiopiens avant de les avoir vus [1] ? »

« Lorsque les Portugais, dit Raynal, ayant dépassé le Niger, trouvèrent des hommes absolument noirs, avec des cheveux crépus, un nez écrasé, des lèvres épaisses, et très diffèrents de tout ce qu'ils avaient jusqu'alors apercu, cette vue leur parut une confirmation des erreurs antiques..., et ils doutèrent d'abord s'ils ne devaient pas rétrograder [2]. »

L'ingénienx historien de Colomb, M. Washington Irving, énumérant les objets nouveaux, rapportés par Colomb d'un nouveau monde, les animaux inconnus, les plantes rares, l'or du pays en poudre, en masses brutes, etc., fait remarquer que rien ne parut plus étonnant que les Indiens, « les-

1. « Quis enim Æthiopas, antequam cerneret, credidit? » (Liber. VII, caput I).

2. *Histoire philosophique et politique des établissements et du commerce des Européens dans les deux Indes*, édition de 1820, tome I, page 44.

quels, dit-il, étaient l'objet d'un vif et inépuisable intérêt, car, ajoute-t-il, il n'y a rien de plus curieux pour l'homme que les variétés de sa propre espèce[1]. »

De grands anatomistes, Malpighi, Albinus, Ruysch, Meckel, ont cherché dans quelle partie de la peau réside la couleur noire des nègres. Rien n'est plus célèbre, en anatomie, que le *réseau muqueux* de Malpighi[2]. Voltaire en a parlé.

« La maladie des systèmes, dit-il, peut-elle troubler l'esprit au point de faire dire qu'un Suédois et un Nubien sont de la même espèce, lorsqu'on a sous les yeux le *reticulum mucosum* des nègres, qui est abolument noir, et qui est la cause évidente de leur noirceur inhérente et spécifique[3]? »

Après Malpighi, après Ruysch, après Albinus, après Meckel, j'ai cherché aussi quel pouvait être le siége de la couleur noire des nègres. J'ai trouvé, dans la peau du nègre et dans celle de l'Américain, entre le derme et le second épiderme[4], une

1. *Histoire de Christophe Colomb*, tome I, page 341 (traduction française).

2. J'ai fait voir que ce prétendu *réseau* n'est point un *réseau*, comme l'avait cru Malpighi, mais une lame, une couche continue. (Voyez mon *Anatomie générale de la peau*, etc., 1843).

3. *Des singularités de la nature*, chapître XXXVI.

4. J'ai fait voir qu'il y a toujours deux épidermes. Avant moi, on n'en connaissait qu'un. (Voyez mon *Anatomie générale de la peau*, etc., 1843).

couche de matière sécrétée, noire dans le nègre, rouge ou plutôt couleur de cuivre dans l'Américain. Cette couche de matière sécrétée, cette couche de *matière pigmentale,* siége de la couleur des races humaines colorées, ne se trouve point dans l'homme de race blanche. Voilà donc, dira-t-on aussitôt, une différence tranchée, une différence profonde, entre l'homne de race blanche et l'homme de race colorée. Non, il n'y a point de différence profonde.

Cette même couche *pigmentale,* que j'avais trouvée dans l'homme de race noire et dans l'homme de race rouge, je l'ai retrouvée dans le Kabyle, dans l'Arabe, dans le Maure, qui certainement ne viennent ni des Américains ni des Nègres, qui certainement sont des hommes de race blanche.

Il y a plus : j'ai retrouvé jusque dans l'homme de race blanche un germe de la *couche pigmentale.* Le mamelon de l'homme blanc est coloré, et il doit sa couleur à une *couche pigmentale,* toute semblable à la *couche pigmentale* de l'Américain et du Nègre.

La différence de couleur des hommes, vue superficiellement, semblait les éloigner les uns des autres. Cette même différence de couleur, mieux étudiée, devient une preuve nouvelle de leur unité première ; car elle fait voir comment, du moins pour un caractère donné, les races se modifient, comment celle qui n'a pas ce caractère peut l'acquérir, comment la race blanche peut acquérir la *couche*, l'*appareil pigmental* des races colorées.

M. Cuvier fait un reproche à Buffon d'avoir dit que « la couleur des Nègres n'est que le produit de la chaleur et de la lumière [1]. » La *couche pigmentale* que je trouve dans la peau du Kabyle, dans celle de l'Arabe, dans celle du Maure, n'est-elle pas *le produit de la chaleur et de la lumière* [2] ?

Buffon lui-même dit : « ... Il y a une autre raison beaucoup plus forte contre mon opinion, et qui d'abord paraît invincible, c'est qu'on a découvert un continent entier au Nouveau-Monde, dont la plus grande partie des terres habitées se trouvent situées dans la zone torride, et où, cependant, il ne se trouve pas un homme noir, tous les habitants de cette partie de la terre étant plus ou moins rouges, plus ou moins basanés ou couleur de cuivre [3]. » Buffon ne se ferait plus aujour-

1. *Histoire des Sciences naturelles*, etc. (Cours fait au collége de France), tome IV, page 173.

2. Dans tout ce que Buffon dit de l'action de la chaleur, il faut entendre *l'action réunie* de la chaleur et de la lumière. Au temps de Buffon, on ne connaissait pas assez l'action propre de la lumière sur la couleur des êtres vivants.

3. Tome III, page 484.

d'hui l'objection *qui lui paraissait invincible*. A la nuance près (*cuivrée* dans l'un et *noire* dans l'autre), l'Américain a une *couche*, un *appareil pigmental*, tout comme le Nègre.

Je le répète donc ; on peut assurer aujourd'hui que Buffon ne s'est point trompé dans ses deux grandes vues : la grande cause qui modifie les hommes est la chaleur ; la grande loi qui règne, au milieu de cette multitude presque infinie de races et de sous-races humaines, est l'*unité de l'homme*.

L'espèce humaine est donc une, l'homme est un.

CHAPITRE X.

THÉORIE DE LA TERRE.

La grande vie scientifique de Buffon commence par la *Théorie de la terre,* et finit par les *Époques de la nature.* Une admirable destinée place ainsi les deux plus beaux ouvrages de Buffon aux deux termes de sa carrière. Tout, dans ces deux ouvrages, est d'une extraordinaire grandeur. La *Théorie de la terre,* qui parut en 1749, étonna le monde. Les *Époques de la nature* ne parurent que près de trente ans plus tard, en 1778; et, de tous les ouvrages du dix-huitième siècle, c'est peut-être celui qui a le plus élevé l'imagination des hommes.

Au moment où parut la *Théorie de la terre,* l'histoire du globe, la science de la terre n'était qu'un chaos où tout se trouvait confondu, les faits et les hypothèses, les observations et les conjectures, la théorie proprement dite et le système.

Buffon démêla toutes ces choses. Avec l'autorité que donne le génie, et que le génie seul donne, il mit d'un côté les faits, les observations et la théorie ; et de l'autre, les hypothèses, les conjectures et le système. On avait *mêlé la fable à la physique* [1], il les sépara. Il se permit encore bien des fables sans doute, mais du moins ne les donna-t-il jamais que pour ce qu'elles étaient, pour des fables.

« Nous nous refusons d'autant moins, dit-il, à publier ce que nous avons pensé sur cette matière, que nous espérons par là mettre le lecteur plus en état de prononcer sur la grande différence qu'il y a entre une hypothèse où il n'entre que des possibilités et une théorie fondée sur des faits, entre un système tel que nous allons en donner un dans cet article sur la formation et le premier état de la terre, et une histoire physique de son état actuel, telle que nous venons de la donner dans le discours précédent [2]. »

Comme je l'ai déjà remarqué bien souvent, Buffon tient tout à la fois de Descartes et de Newton. Il tient de Descartes le goût des systèmes ; il tient de Newton le respect pour l'expérience.

« Il est plus aisé, dit-il, d'imaginer un système

1. « ... On a mêlé, dit-il, la fable à la physique : aussi ces systèmes n'ont été reçus que de ceux qui reçoivent tout aveuglément, incapables qu'ils sont de distinguer les nuances du vraisemblable, et plus flattés du merveilleux que frappés du vrai. » (Tome I, page 67).

2. Tome I, page 129.

que de donner une théorie; aussi la théorie de la terre n'a-t-elle jamais été traitée que d'une manière vague et hypothétique [1]. »

« Ce que nous avons à dire au sujet de la terre sera sans doute, ajoute-t-il, moins extraordinaire, et pourra paraître commun en comparaison des grands systèmes dont nous venons de parler; mais on doit se souvenir qu'un historien est fait pour décrire et non pour inventer, qu'il ne doit se permettre aucune supposition, et qu'il ne peut faire usage de son imagination que pour combiner les observations, généraliser les faits, et en former un ensemble qui présente à l'esprit un ordre méthodique d'idées claires et de rapports suivis [2]. »

Buffon sépare donc partout, comme je viens de le dire, les faits des hypothèses, les observations des conjectures, les théories des systèmes. En examinant ici sa *théorie* et son *système*, il faut donc les séparer aussi.

Voyons d'abord la *théorie*.

Buffon, concevant le grand projet de soumettre l'histoire naturelle entière à tout un nouvel ensemble de théories, commence par la théorie de la terre. Le premier coup d'œil qu'il

1. Tome I, page 66.
2. Tome I, page 67.

jette sur la nature est pour la voir en grand.

« L'histoire générale de la terre, dit-il, doit précéder l'histoire particulière de ses productions ; et les détails des faits singuliers de la vie et des mœurs des animaux, ou de la culture et de la végétation des plantes, appartiennent peut-être moins à l'histoire naturelle que les résultats généraux des observations qu'on a faites sur les différentes matières qui composent le globe terrestre, sur les éminences, les profondeurs et les inégalités de sa forme, sur le mouvement des mers, sur la direction des montagnes, sur la position des carrières, sur la rapidité et les effets des courants de la mer, etc. Ceci est la nature en grand [1]... »

J'imite Buffon. Ce ne sont pas les petites erreurs de Buffon que je cherche. Je cherche les grandes vues, les idées vastes, la métaphysique supérieure qui préside à ces idées et à ces vues. *Ceci est Buffon en grand.*

Autant Buffon, écrivant un *système*, se permet facilement tout ce qui lui paraît commode en fait d'hypothèses, autant Buffon, écrivant une *théorie*, se montre rigoureux observateur et philosophe sévère [2].

1. Tome I, page 65.

2. « La sévérité de ses principes étonne ceux qui savent com-

Le *système* est l'explication des faits par les causes possibles.

La *théorie* est l'explication des faits par les causes réelles.

« Je ne parle point, dit Buffon, de ces causes éloignées qu'on prévoit moins qu'on ne les devine, de ces secousses de la nature dont le moindre effet serait la catastrophe du monde : le choc ou l'approche d'une comète [1], l'absence de la lune, la présence d'une nouvelle planète, etc., sont des suppositions sur lesquelles il est aisé de donner carrière à son imagination ; de pareilles causes produisent tout ce qu'on veut, et d'une seule de ces hypothèses on va tirer mille romans physiques que leurs auteurs appelleront théorie de la terre. Comme historiens, nous nous refusons à ces vaines spéculations... ; mais des effets qui arrivent tous les jours, des mouvements qui se succèdent et se renouvellent sans interruption, des opérations constantes et toujours réitérées, ce sont là nos causes et nos raisons [2]. »

Les esprits vulgaires se trompent en tout. Ils

bien est grande ailleurs la hardiesse de ses suppositions. » Vicq-d'Azyr, *Éloge de Buffon.* (*Discours de réception à l'Académie française*).

1. Ce qu'il dit ici de la supposition d'une comète est d'autant plus curieux, que lui-même fait jouer à une comète le principal rôle dans son *Système.*

2. Tome I, page 98.

appellent Buffon hardi, parce qu'il imagine un système. Ils ne voient pas que Buffon est bien plus hardi, lorsqu'il ose donner une théorie. C'est par faiblesse qu'on imagine un système. La faiblesse est de s'en tenir aux causes possibles ; le courage est de remonter aux causes réelles. Le grand esprit n'est pas celui qui imagine, mais celui qui découvre ; la force n'est pas dans l'hypothèse, elle est dans le fait, et la méthode expérimentale est la seule grande méthode.

Soumettant donc la science de la terre, l'histoire du globe, à cette grande méthode, Buffon remarque trois faits principaux.

Il voit [1], d'abord, qu'on trouve des coquilles et d'autres productions marines par toute la terre [2]; et c'est là le premier fait.

Il voit [3], ensuite, que les matières qui composent la terre sont toujours disposées par couches horizontales et parallèles [4] ; et c'est là le second fait.

1. Ou plutôt croit voir ; mais j'expose ici les faits tels que Buffon les a vus; je les exposerai bientôt tels qu'ils sont.

2. « Je vois que, dans l'intérieur de la terre, sur la cime des monts et dans les lieux les plus éloignés de la mer, on trouve des coquilles, des squelettes de poissons de mer, des plantes marines... » (Tome I, page 76).

3. Ou plutôt croit voir. Voyez la note 1 de cette page.

4. « Je remarque que ces couches sont toujours posées parallèlement les unes sur les autres... » (Tome I, page 75).

Il voit [1], enfin, que les montagnes ont partout des angles correspondants [2]; et c'est là le troisième fait.

J'avoue tout de suite, et j'avoue sans peine, que Buffon se trompe sur chacun de ces trois faits; mais je remarque aussi que l'erreur dans laquelle il tombe, n'est que dans le fait, dans le détail du fait, et non dans la *méthode*.

Je reviens : Buffon se pose donc trois faits; et, ces trois faits posés, voici comment il raisonne.

On trouve des coquilles et d'autres productions de la mer par toute la terre; la mer a donc couvert toute la terre.

Les matières qui composent la terre sont disposées par couches horizontales et parallèles; ces matières ont donc été amenées et déposées par l'eau, car il n'y a que l'eau qui ait pu les disposer ainsi [3].

1. Ou plutôt croit voir. Voyez la note 1 de la page précédente.

2. « Les angles saillants d'une montagne se trouvent toujours opposés aux angles rentrants de la montagne voisine, qui en est séparée par un vallon ou par une profondeur. » (Tome I, page 73).

3. « Une chose à laquelle nous devons encore faire attention, et qui confirme ce que nous venons de dire sur la formation des couches par le mouvement et par le sédiment des eaux, c'est que toutes les autres causes de révolution ou de changement sur le globe ne peuvent produire les mêmes effets. » (Tome I, page 80).

Enfin, les montagnes ont partout des angles correspondants; ces montagnes se sont donc formées dans la mer, car il n'y a que la mer, il n'y a que le courant des eaux qui ait pu leur donner ces angles.

« Ce qui prouve évidemment, dit Buffon, que la mer a couvert et formé les montagnes, ce sont les coquilles et les autres productions marines qu'on trouve partout en si grande quantité, qu'il n'est pas possible qu'elles aient été transportées de la mer actuelle dans des continents aussi éloignés;... ce qui le prouve, ce sont les couches horizontales et parallèles qu'on trouve partout, et qui ne peuvent avoir été formées que par les eaux..., et, enfin, ce qui le démontre incontestablement, ce sont les angles correspondants des montagnes et des collines qu'aucune autre cause que les courants de la mer n'aurait pu former... [1] »

Les coquilles de la mer partout répandues, les couches de la terre partout horizontales, les angles des montagnes partout correspondants, tout prouve donc que la terre a été couverte par la mer, qu'elle a été un fond de mer, et, pour me servir ici de l'expression même de Buffon, qu'elle est *l'ouvrage des eaux*[2].

1. Tome I, page 315.

2. « ... On doit cesser d'être étonné de trouver partout des productions marines, et une composition, dans l'intérieur, qui

Il faut remarquer et suivre la marche des idées de Buffon : Buffon ne voit dans sa *Théorie* que la terre *ouvrage des eaux ;* il ne voit dans son *Système* que la terre *ouvrage du feu :* dans ses *Époques de la nature,* il voit tout à la fois la terre *ouvrage des eaux* et la terre *ouvrage du feu,* et c'est là seulement que ses grandes idées se lient et se complètent. Pour avoir l'ensemble des idées de Buffon sur l'histoire du globe, il faut donc examiner successivement sa *Théorie,* son *Système* et ses *Époques de la nature.*

Examinons ici les trois faits principaux sur lesquels il fonde sa *Théorie.*

I. — *Premier fait.* Que l'on trouve partout des coquilles et d'autres productions marines.

Selon Buffon, on trouve des coquilles partout, et dans l'intérieur de la terre, et dans les lieux les plus éloignés de la mer, et jusque sur les sommets des plus hautes montagnes.

« Je vois, dit-il, que dans l'intérieur de la terre, sur la cime des monts, et dans les lieux les plus éloignés de la mer, on trouve des coquilles, des

ne peut être que l'ouvrage des eaux. » (Tome I, page 106). « ... Les couches des différentes matières qui composent la terre étant posées parallèlement et de niveau, il est clair que cette position est l'ouvrage des eaux... » (Tome I, page 79).

squelettes de poissons de mer, des plantes marines... [1] » — « Il paraît certain, dit-il encore, que la terre, actuellement sèche et habitée, a été autrefois sous les eaux de la mer, et que ces eaux étaient supérieures aux sommets des plus hautes montagnes, puisqu'on trouve sur ces montagnes et jusque sur leurs sommets des productions marines et des coquilles [2]... »

A l'époque où Buffon écrivait ces lignes, on n'avait encore que quelques faits; et ces faits mêmes n'avaient pas encore leurs limites.

Buffon n'avait pas assez vu par lui-même. Pallas lui reproche « de n'avoir jugé des montagnes en général que par celles de la France [3]. »

Et Buffon, dans ses *Époques de la nature,* convient lui-même qu'il s'était trompé. « J'étais alors persuadé, dit-il, par l'autorité de Woodward et de quelques autres naturalistes, que l'on avait trouvé des coquilles au-dessus des sommets de

1. Tome I, page 76.
2. Tome I, page 77.
3. *Observations sur la formation des montagnes et les changements arrivés au globe*, 1777. Pallas va peut-être un peu trop loin. Buffon avait vu plusieurs parties des Alpes; il remarque même quelque part (ce qu'il oublie bientôt, à la vérité), que les vieilles roches ne contiennent point de coquilles. « On ne trouve jamais, dit-il, de coquilles, ni dans le roc vif ou granit, ni dans le grès; au moins je n'y en ai jamais vu... » (Tome I, page 277).

toutes les montagnes ; au lieu que, par des observations plus récentes, il paraît qu'il n'y a pas de coquilles sur les plus hauts sommets..., d'où il résulte que la mer n'a peut-être pas surmonté ces hauts sommets [1]... »

Mais, si Buffon s'était trompé en admettant beaucoup trop vite qu'on trouvait des coquilles sur les sommets des plus hautes montagnes, du moins ne se trompa-t-il pas sur la véritable nature, et de ces coquilles, et de tous les débris organisés que renferme le sein du globe. Il a même ici une gloire particulière. Malgré les ouvrages de Burnet, de Whiston, de Woodward, etc., malgré l'autorité du grand Leibnitz, les vieilles erreurs subsistaient encore. Voltaire lui-même se plaisait à les protéger ; il ne voyait dans les *pierres figurées* que des jeux de la nature [2]. Il prétendait que « c'étaient les pèlerins qui, dans le temps des croisades, avaient rapporté de Syrie les coquilles

1. Tome V, page 321 (*Suppléments*). Les matières qui composent ces hauts sommets ont été sous la mer : mais elles n'étaient pas alors à l'état de *hauts sommets*. La théorie du *soulèvement* des montagnes nous a donné, sur toutes ces choses, des idées plus justes. Nous verrons cette théorie dans le chapitre suivant sur les *Époques de la nature*.

2. « Ces pierres figurées sont fort communes ; on les appelle... *zoomorphites*, quand le jeu de la nature leur a imprimé la ressemblance imparfaite de quelques animaux... » *Des Singularités de la nature*.

que nous trouvons dans le sein de la terre en France [1]. »

« Comment se peut-il, s'écrie Buffon à cette occasion, que des personnes éclairées, et qui se piquent même de philosophie, aient encore des idées aussi fausses sur ce sujet [2] ? » — « Il ne faut pas croire, ajoute-t-il, comme se l'imaginent tous les gens qui veulent raisonner sur cela sans avoir rien vu, qu'on ne trouve ces coquilles que par hasard ; qu'elles sont dispersées çà et là, ou tout au plus par petits tas, comme des coquilles d'huîtres jetées à la porte ; c'est par montagnes qu'on les trouve, c'est par bancs de cent et de deux cents lieues de longueur [3]... »

Voilà comment s'exprime Buffon dans un moment d'humeur ; mais, dans les *Époques de la nature*, lorsqu'il est calme, quel autre langage !

« On a pu trouver, dit-il, comme je le trouve moi-même, que je n'ai pas traité M. de Voltaire assez sérieusement ; j'avoue que j'aurais mieux fait de laisser tomber cette opinion que de la relever par une plaisanterie, d'autant que ce n'est pas mon ton, et que c'est peut-être la seule qui

1. *Lettre italienne*, citée par Buffon. Voyez aussi les *Singularités de la nature*.

2. Tome I, page 281.

3. Tome I, page 266.

soit dans mes écrits. M. de Voltaire est un homme qui, par la supériorité de ses talents, mérite les plus grands égards. On m'apporta cette *Lettre italienne* dans le temps même que je corrigeais la feuille de mon livre où il en est question..., et ce ne fut qu'après l'impression de mon volume sur la *Théorie de la terre*, qu'on m'assura que la *Lettre* était de M. de Voltaire ; j'eus regret alors à mes expressions. Voilà la vérité ; je la déclare autant pour M. de Voltaire que pour moi-même, et pour la postérité, à laquelle je ne voudrais pas laisser douter de la haute estime que j'ai toujours eue pour un homme aussi rare et qui fait tant d'honneur à son siècle [1]. »

II. — *Deuxième fait.* Que les couches de la terre sont partout horizontales.

Il faut dire, sur ce second fait, ce que j'ai dit sur le premier. A l'époque où Buffon écrivait sa *Théorie de la terre*, on avait le fait, mais on n'avait pas la limite du fait.

« Les montagnes les plus élevées, dit Buffon, sont composées de couches parallèles tout de même que les plaines les plus basses [2]... » Buffon

1. Tome V, page 285 (*Suppléments*).
2. Tome I, page 80.

suppose donc ici des *couches parallèles* partout, comme il supposait tout à l'heure des *coquilles fossiles* partout ; et il se trompe ici de la même manière que tout à l'heure, parce qu'il prend pour général un fait qui ne l'est pas.

Voici, sur cette erreur particulière de Buffon, ce que dit Pallas : « Woodward, sans s'inquiéter des chaînes de vieille roche, étayait son système... sur la persuasion où il était que toutes les montagnes de l'univers étaient composées de couches à peu près horizontales. Buffon, de même, ne semble avoir jugé des montagnes en général que par celles de la France, qui, pour la plupart, sont composées de couches à peu près horizontales, ou simplement dérangées par l'effet de quelques volcans. Il n'aurait pas, sans cela..., avancé que les traces de la mer se voient jusqu'au sommet des plus hautes montagnes, que ces montagnes sont toutes composées de couches horizontales, ainsi que les plaines... : toutes assertions totalement ou en partie contraires à l'ordre général de la nature [1]. »

Lorsque Buffon écrivait sa *Théorie de la terre,* on ne connaissait pas encore la structure propre des grandes, des hautes montagnes, des *montagnes primitives,* comme les appelle Pallas. Bien-

1. *Observations sur la formation des montagnes*, etc.

tôt les observations de Pallas, de Deluc, de Saussure, etc., jetèrent sur toute la science de la terre un jour nouveau. On eut des faits nouveaux ; les faits anciens furent mieux circonscrits ; on distingua les montagnes de différents ordres : ayant des faits divers, on soupçonna des causes diverses ; et le globe entier ne parut plus à Buffon lui-même n'être que l'*ouvrage des eaux*.

Trente ans après la publication de la *Théorie de la terre*, Buffon, écrivant ses *Époques de la nature*, s'exprime ainsi : « Les éminences qui ont été formées par le sédiment et les dépôts de la mer, ont une structure bien différente de celles qui doivent leur origine au feu primitif ; les premières sont toutes disposées par couches horizontales et contiennent une infinité de productions marines ; les autres, au contraire, ont une structure moins régulière et ne renferment aucun indice des productions de la mer[1]... »

III. — *Troisième fait.* Que les montagnes ont partout des angles correspondants.

Je n'ai presque pas besoin d'en avertir : il faut dire sur ce troisième fait ce que j'ai dit sur les deux autres. Ici encore, Buffon prend pour général un fait qui ne l'est pas.

1. Tome V, page 312 (*Suppléments*).

Lorsque Buffon pose en règle générale la correspondance des angles des montagnes, il se fie trop à Bourguet[1], comme il se fiait trop à Woodward, lorsqu'il posait en règle générale l'horizontalité des couches ou l'existence des coquilles et des autres productions marines.

« L'assertion de Bourguet, renouvelée par Buffon, sur les angles correspondants des montagnes, souffre, dit Pallas, bien des exceptions dans les chaînes granitiques, et même souvent dans les montagnes des ordres secondaires[2]. »

Voilà ce que dit Pallas, et voici comment Buffon se corrige lui-même dans les *Époques de la nature* :

«.... Toutes les montagnes et toutes les collines ont eu, dit-il, deux causes primitives : la première est le feu, et la seconde l'eau... Le feu a produit les premières et les plus hautes montagnes qui tiennent par leur base à la roche intérieure du globe ;... ensuite... lorsque les eaux ont couvert toute la surface de la terre..., les mouvements des eaux ont formé des collines dans les vallées ; ils ont recouvert et environné de nouvelles couches

1. «... Les angles saillants de chaque côté répondent réciproquement aux angles rentrants qui leur sont toujours alternativement opposés. » (Bourguet, *Mémoire sur la théorie de la terre*).

2. *Observations sur la formation des montagnes*, etc.

de terre le pied et les croupes des montagnes; et les courants ont creusé des sillons, des vallons dont tous les angles se correspondent.... [1] »

On le voit assez : lorsque Buffon écrivait sa *Théorie de la terre,* il n'avait que des faits incomplets, il ne voyait qu'une époque de la nature, il ne connaissait de la terre que la partie qui a des couches horizontales et des productions marines : il ne connaissait que la terre qui est *l'ouvrage des eaux.*

Ce n'est donc qu'à cette terre, *ouvrage des eaux,* que sa *théorie* se rapporte.

IV.—Manière dont Buffon explique, par la seule action des eaux, tout l'état actuel du globe.

La *théorie* de Buffon, c'est-à-dire la manière dont il explique, par la seule action des eaux, tout l'état actuel du globe, n'est, au fond, que la théorie connue de nos jours sous le nom de *Théorie des causes lentes.*

Buffon ne veut que des causes ordinaires, des opérations constantes, des *effets qui arrivent tous les jours* [2].

1. Tome V, page 311 (*Suppléments*). La loi de la *correspondance des angles* n'a lieu en effet, comme le dit ici Buffon, que dans les vallées, que pour les collines, et que pour le pied des hautes montagnes.

2. Expressions de Buffon. Voyez ci-devant, page 186.

Or, ces causes ordinaires, ces opérations constantes, ces *effets qui arrivent tous les jours*, ce sont le flux et le reflux de la mer, les vents, les courants de la mer, les eaux du ciel, les fleuves, les rivières, les torrents, etc., etc.

« Ce sont, dit Buffon, les eaux rassemblées dans la vaste étendue des mers qui, par le mouvement continuel du flux et du reflux, ont produit les montagnes, les vallées et les autres inégalités de la terre ; ce sont les courants de la mer qui ont creusé les vallons et élevé les collines en leur donnant des directions correspondantes ; ce sont ces mêmes eaux de la mer qui, en transportant les terres, les ont disposées les unes sur les autres par lits horizontaux ; et ce sont les eaux du ciel qui, peu à peu, détruisent l'ouvrage de la mer, qui rabaissent continuellement la hauteur des montagnes, qui comblent les vallées, les bouches des fleuves et les golfes, et qui, ramenant tout au niveau, rendront un jour cette terre à la mer, qui s'en emparera successivement, en laissant à découvert de nouveaux continents entrecoupés de vallons et de montagnes, et tout semblables à ceux que nous habitons aujourd'hui [1]. »

Buffon explique donc, par des effets de tous les jours, par des causes ordinaires, actuelles,

1. Tome I, page 124.

tous les changements survenus dans le globe depuis le commencement des choses. La *théorie de Buffon* est l'explication du globe par les *causes actuelles*.

Or, ce qu'il importe surtout de remarquer ici, c'est que cette théorie de Buffon, cette théorie des *causes actuelles*, des *causes lentes*, est précisément l'inverse de celle de M. Cuvier [1].

« C'est en vain, dit M. Cuvier, que l'on cherche, dans les forces qui agissent maintenant à la surface de la terre, des causes suffisantes pour produire les révolutions et les catastrophes dont son enveloppe nous montre les traces..... [2]; le fil des opérations est rompu, la marche de la nature est changée, et aucun des agents qu'elle emploie aujourd'hui ne lui aurait suffi pour produire ses anciens ouvrages [3]. »

1. M. Cuvier examine, l'une après l'autre, toutes les *causes actuelles*: les pluies et les dégels, qui dégradent les montagnes escarpées, et en jettent les débris à leurs pieds; les eaux courantes, qui entraînent ces débris, et vont les déposer dans les lieux où elles ralentissent leur cours; la mer, qui sape le pied des côtes élevées pour y former des falaises, et qui rejette sur les côtes basses des monticules de sable, etc., etc. (*Discours sur les révolutions de la surface du globe*); et il prouve que ces causes ne sauraient amener des effets pareils à ceux qui ont produit les anciennes révolutions du globe.

2. *Discours sur les révolutions de la surface du globe.*

3. *Discours sur les révolutions de la surface du globe.* Avant M. Cuvier, Deluc et d'autres avaient déjà combattu la théorie

Les théories de Buffon et de M. Cuvier sont donc opposées : l'un croit pouvoir expliquer tous les phénomènes passés par les causes actuelles, l'autre veut des forces particulières pour des phénomènes éteints ; l'un établit la chaîne des faits, l'autre la rompt ; l'un ne voit que des forces affaiblies, l'autre voit des forces perdues ; mais, pour bien juger les *idées* de Buffon, il ne faut pas s'en tenir à sa *Théorie ;* il faut, comme je l'ai déjà dit, examiner son *Système,* il faut examiner ses *Époques de la nature,* et c'est ce que je vais faire dans les deux chapitres qui suivent.

des causes actuelles, des causes *lentes.* « La construction et la composition de nos continents sont telles, que nous sommes conduits à chercher quand et comment la mer s'en est retirée ; mais nous n'y trouvons aucune trace de *cause lente...* » (Deluc, *Lettres physiques et morales sur l'histoire de la terre et de l'homme,* etc., tome II, page 267).

CHAPITRE XI.

SYSTÈME DE BUFFON SUR LA FORMATION DES PLANÈTES.

Buffon, dans sa *Théorie,* n'admet que des *causes actuelles;* il repousse les *causes éloignées*, qui *produisent tout ce qu'on veut* [1], et d'où l'on tire *mille romans physiques* [2]; il se moque en particulier des naturalistes qui ont eu recours au *choc d'une comète* [3], et c'est précisément *le choc d'une comète* qu'il emploie dans son système.

« Ne peut-on pas imaginer avec quelque sorte de vraisemblance, dit-il, qu'une comète, tombant sur la surface du soleil, aura déplacé cet astre, et qu'elle en aura séparé quelques petites parties auxquelles elle aura communiqué un mouvement d'impulsion dans le même sens et par un même choc, en sorte que les planètes auraient autrefois appartenu au corps du soleil, et qu'elles en auraient été détachées par une force impulsive com-

1. Voyez ci-dessus, page 186.
2. Voyez ci-dessus, page 186.
3. Voyez ci-dessus, page 186.

mune à toutes, qu'elles conservent encore aujourd'hui[1] ? »

Les planètes ont donc appartenu au soleil ; les planètes ne sont donc que de petites parties du soleil qui en ont été séparées par le choc d'une comète. Mais, pour que le choc d'une comète ait pu détacher *quelques parties* du soleil, il a fallu que le coup ne fût pas direct, il l'a fallu oblique, et par conséquent il l'a été, car il n'en coûtait pas plus à Buffon de l'imaginer oblique.

« La chute des comètes sur le soleil peut se faire, dit-il, de différentes façons : si elles y tombent à plomb, ou même dans une direction qui ne soit pas fort oblique, elles demeureront dans le soleil, ... et le mouvement d'impulsion qu'elles auront perdu et communiqué au soleil, ne produira d'autre effet que celui de le déplacer plus ou moins, selon que la masse de la comète sera plus ou moins considérable ; mais si la chute de la comète se fait dans une direction fort oblique, ce qui doit arriver plus souvent de cette façon que de l'autre, alors la comète ne fera que raser la surface du soleil ou la sillonner à une petite profondeur, et dans ce cas, elle pourra en sortir et en chasser quelques parties de matière, auxquelles elle communiquera un mouvement

1. Tome I, page 133.

commun d'impulsion, et ces parties poussées hors du corps du soleil... pourront devenir alors des planètes qui tourneront autour de cet astre dans le même sens et dans le même plan [1]. »

Mais, si la matière qui compose les planètes a été séparée du corps du soleil, les planètes ont donc été d'abord, comme le soleil, brûlantes et lumineuses.

« La terre et les planètes, au sortir du soleil, étaient, dit Buffon, brûlantes et dans un état de liquéfaction totale ; cet état de liquéfaction n'a duré qu'autant que la violence de la chaleur qui l'avait produit ; peu à peu les planètes se sont refroidies [2]..... »

La terre a donc commencé par être lumineuse et brûlante. En se refroidissant, elle est devenue opaque ; tout le globe terrestre a été fondu ; la base de toute la matière qui le compose est du verre ; d'un autre côté, à mesure que la terre s'est refroidie, les vapeurs, jusqu'alors étendues et raréfiées, se sont condensées ; ces vapeurs condensées ont formé les mers ; l'air s'est dégagé des eaux, etc., etc. ; et peu à peu toutes les choses de ce monde ont pris leur forme et leur place.

Tel est le système de Buffon.

1. Tome I, page 135.
2. Tome I, page 149.

Eh bien, ce système pris en soi ne sera, si l'on veut (comme Buffon lui-même le dit des systèmes des autres), qu'un *roman physique* [1]. On sait très bien aujourd'hui qu'une comète n'aurait pas assez de masse pour détacher une partie du soleil. L'idée de la *fluidité primitive* de la terre, et celle du *feu central* du globe [2], sont peut-être, j'en conviens, les deux seules idées qu'il faille tirer de toutes ces vues hardies, ou, si l'on aime mieux encore, de tous ces jeux d'esprit auxquels Buffon s'abandonne. Et pourtant ce système frappera toujours par sa grandeur, par son ensemble, par la liaison, par le tour des idées; idées élevées, et dont on peut dire ce que Buffon a dit de celles de Leibnitz : « qu'on sent bien qu'elles sont le produit des méditations d'un grand génie [3]... »

Ce qui vaut mieux que le système de Buffon, c'est la manière dont Buffon juge les auteurs des autres systèmes.

« L'un [4], dit-il, plus ingénieux que raisonnable, astronome convaincu du système de Newton, envisageant tous les événements possibles du cours et de la direction des astres, expli-

1. Expressions de Buffon. Voyez ci-devant, page 186.

2. Je reviendrai sur ces deux idées dans le chapitre suivant sur les *Époques de la nature*.

3. Tome I, page 196.

4. Whiston.

que, à l'aide d'un calcul mathématique, par la queue d'une comète, tous les changements qui sont arrivés au globe terrestre.

« Un autre[1], théologien hétérodoxe, la tête échauffée de visions poétiques, croit avoir vu créer l'univers : osant prendre le style prophétique, après nous avoir dit ce qu'était la terre au sortir du néant, ce que le déluge y a changé, ce qu'elle a été et ce qu'elle est, il nous prédit ce qu'elle sera, même après la destruction du genre humain.

« Un troisième[2], à la vérité meilleur observateur que les deux premiers, mais tout aussi peu réglé dans ses idées, explique par un abîme immense d'un liquide contenu dans les entrailles du globe, les principaux phénomènes de la terre, laquelle, selon lui, n'est qu'une croûte superficielle et fort mince qui sert d'enveloppe au fluide qu'elle renferme[3]. »

Ce qui vaut mieux encore que la manière dont Buffon juge les systèmes des autres, c'est la manière dont il juge son propre système.

« Quelque grande, dit-il, que soit à mes yeux la vraisemblance de ce que j'ai dit jusqu'ici sur

1. Burnet.
2. Woodward.
3. Tome I, page 66.

la formation des planètes, comme chacun a sa mesure, surtout pour estimer des probabilités de cette nature, ... je ne prétends pas contraindre ceux qui n'en voudront rien croire[1]. »

« J'aurais pu faire, ajoute-t-il, un gros livre comme celui de Burnet ou de Whiston, si j'eusse voulu délayer les idées qui composent le système qu'on vient de voir, et, en leur donnant l'air géométrique, comme l'a fait ce dernier auteur, je leur eusse en même temps donné du poids ; mais je pense que des hypothèses, quelque vraisemblables qu'elles soient, ne doivent point être traitées avec cet appareil qui tient un peu de la charlatanerie[2]. »

Je viens d'examiner un ouvrage admirable, la *Théorie de la terre;* dans le chapitre suivant, j'examinerai un ouvrage plus admirable encore, les *Époques de la nature.*

1. Tome I, page 153.
2. Tome I, page 167.

CHAPITRE XII.

ÉPOQUES DE LA NATURE.

Dans sa *Théorie*, Buffon ne voyait qu'une époque, qu'une terre, que la terre *ouvrage des eaux*. Dans son *Système,* il voyait une autre époque, une autre terre, la terre *ouvrage du feu*.

Dans ses *Époques de la nature,* Buffon voit non-seulement ces deux grandes et principales époques, il voit toutes les époques intermédiaires et subséquentes. Ici tout s'éclaircit, se démêle; chaque fait, chaque événement prend sa place, tout se lie, et Buffon, comme il le dit lui-même, « forme une chaîne qui, du sommet de l'échelle du temps, descend jusqu'à nous [1]. »

Jamais un plus magnifique tableau n'avait été présenté à l'imagination des hommes. « Comme, dans l'histoire civile, dit Buffon, on consulte les titres, on recherche les médailles, on déchiffre les inscriptions antiques, pour déterminer les

1. Tome V, page 5 (*Suppléments*).

époques des révolutions humaines, et constater les dates des événements moraux; de même, dans l'histoire naturelle, il faut fouiller les archives du monde, tirer des entrailles de la terre les vieux monuments, recueillir leurs débris, et rassembler en un corps de preuves tous les indices des changements physiques qui peuvent nous faire remonter aux différents âges de la nature. C'est le seul moyen de fixer quelques points dans l'immensité de l'espace, et de placer un certain nombre de pierres numéraires sur la route éternelle du temps[1]. »

Ce que nous voyons aujourd'hui par les faits, Buffon l'a vu par l'esprit[2]. Il a vu que l'histoire du globe a ses âges, ses changements[3], ses révolutions, ses *époques*, comme l'histoire de l'homme. Il a été le premier historien de la terre. Cet art de faire renaître les choses perdues de leurs débris, et le passé du présent, ce grand art, le plus puissant de l'esprit moderne, c'est à Buffon qu'il remonte.

« Comme il s'agit ici, dit-il, de percer la nuit des temps, de reconnaître par l'inspection des

1. Tome V, page 1 (*Suppléments*).

2. J'ai souvent cité ce mot de lui : « Voilà ce que j'aperçois par la vue de l'esprit. »

3. « ... Ce sont ces changements divers que nous appelons ses époques... » (Tome V, page 3, *Suppléments*).

choses actuelles l'ancienne existence des choses anéanties, et de remonter par la seule force des faits subsistants à la vérité historique des faits ensevelis ; comme il s'agit, en un mot, de juger non-seulement le passé moderne, mais le passé le plus ancien, par le seul présent, et que, pour nous élever jusqu'à ce point de vue, nous avons besoin de toutes nos forces réunies, nous emploierons trois grands moyens : 1° les faits qui peuvent nous rapprocher de l'origine de la nature ; 2° les monuments qu'on doit regarder comme les témoins de ses premiers âges ; 3° les traditions qui peuvent nous donner quelque idée des âges subséquents ; après quoi nous tâcherons de lier le tout par des analogies [1], et de former une chaîne qui, du sommet de l'échelle du temps, descendra jusqu'à nous [2]. »

Buffon pose cinq faits :

Le premier, que « la terre est élevée sur l'équateur et abaissée sous les pôles, dans la proportion qu'exigent les lois de la pesanteur et de la force centrifuge ; »

Le second, que « le globe terrestre a une cha-

1. Dans ses *Époques de la nature*, Buffon ne met plus le même soin à séparer la *théorie* du *système* ; il veut *former une chaîne*, et, pour cela, il lie les faits par des *analogies*, par des *conjectures*.

2. Tome V, page 5 (*Suppléments*).

leur intérieure qui lui est propre, et qui est indépendante de celle que les rayons du soleil peuvent lui communiquer ; »

Le troisième, que « la chaleur que le soleil envoie à la terre est assez petite, en comparaison de la chaleur propre du globe terrestre, et que cette chaleur envoyée par le soleil ne serait pas seule suffisante pour maintenir la nature vivante ; »

Le quatrième, que « les matières qui composent le globe de la terre sont, en général, de la nature du verre, et peuvent être toutes réduites en verre ; »

Le cinquième, « qu'on trouve sur toute la surface de la terre, et même sur les montagnes, jusqu'à quinze cents et deux mille toises de hauteur, une immense quantité de coquilles et d'autres débris des productions de la mer[1]. »

A ces premiers cinq faits, Buffon en joint trois autres[2] qu'il appelle *monuments*, parce qu'il les regarde en effet, et avec raison, comme les vieux

1. Tome V, page 5 (*Suppléments*).

2. Buffon compte cinq de ces faits qu'il appelle *monuments* ; mais il y a quelques répétitions. Les premiers *monuments* ne sont, en grande partie, que la reproduction du cinquième fait précédent, savoir : « qu'on trouve à la surface et à l'intérieur de la terre des coquilles et autres productions de la mer, etc. » Les cinquièmes *monuments* ne sont que la reproduction des seconds.

monuments, comme les témoins antiques des premiers âges du globe.

Premier monument. « En examinant les coquilles et les autres productions marines que l'on tire de la terre, en France, en Angleterre, en Allemagne et dans le reste de l'Europe, on reconnaît qu'une grande partie des espèces d'animaux auxquels ces dépouilles ont appartenu, ne se trouvent pas dans les mers adjacentes, et que ces espèces, ou ne subsistent plus, ou ne se trouvent que dans les mers méridionales. »

Deuxième monument. « On trouve en Sibérie et dans les autres contrées septentrionales de l'Europe et de l'Asie, des squelettes, des défenses, des ossements d'éléphants, d'hippopotames et de rhinocéros, en assez grande quantité pour être assuré que les espèces de ces animaux, qui ne peuvent se propager aujourd'hui que dans les terres du Midi, existaient et se propageaient autrefois dans les terres du Nord. »

Troisième monument. « On trouve des défenses et des ossements d'éléphants, ainsi que des dents d'hippopotames, non-seulement dans les terres du nord de notre continent, mais aussi dans celles du nord de l'Amérique, quoique les espèces de l'éléphant et de l'hippopotame n'existent point dans ce continent du Nouveau-Monde [1]. »

1. Tome V, page 15 (*Suppléments*).

Voilà les huit faits posés par Buffon, et qui, rapprochés, combinés par son beau génie, lui donnent la vue nette de cinq états différents, de cinq âges distincts, de cinq grandes *époques* de la nature.

La première *époque* est celle de la fluidité, de l'incandescence du globe ; la seconde, celle du refroidissement, de la consolidation ; la troisième est celle où les mers couvraient la terre ; la quatrième est celle de la retraite des mers ; et la cinquième, celle où les éléphants, les hippopotames et les autres animaux du Midi habitaient les terres du Nord.

Et ces grandes époques qui se suivent et se succèdent, se succèdent évidemment dans l'ordre que Buffon leur assigne. Pour que les éléphants, les rhinocéros, les hippopotames, etc., aient pu habiter sur la terre, il a fallu que les mers se fussent retirées ; l'époque des éléphants, des rhinocéros, des hippopotames, etc., succède donc à celle de la retraite des mers. Pour que la mer ait pu couvrir la terre, il a fallu que la terre fût déjà consolidée, refroidie : l'époque de la submersion de la terre succède donc à celle de sa consolidation, de son refroidissement ; l'époque du refroidissement succède à celle de l'incandescence.

Buffon admet une sixième *époque*, et lui donne pour date la séparation des deux continents. La séparation des deux continents est évidemment postérieure à l'époque des éléphants et des hippopotames, car on trouve des os d'éléphants et d'hippopotames dans le nouveau comme dans l'ancien monde. La séparation des deux continents forme donc, comme le veut Buffon, la sixième époque.

La septième et dernière époque est celle de l'homme ; car l'homme n'a point été le contemporain des grandes et terribles scènes dont nous venons de parler. « Des motifs majeurs et des raisons très solides se joignent ici, dit Buffon, pour prouver que la population des terres par l'homme s'est faite postérieurement à toutes nos époques, et que l'homme est en effet le grand et dernier œuvre de la création [1]... » — « Nous sommes persuadés, dit-il encore, indépendamment de l'autorité des livres sacrés, que l'homme a été créé le dernier, et qu'il n'est venu prendre le sceptre de la terre que quand elle s'est trouvée digne de son empire [2]. »

Voilà les sept grandes époques établies par Buf-

1. Tome V, page 187 (*Suppléments*). « Où était donc alors le genre humain?... Ce qui est certain, c'est que nous sommes maintenant au moins au milieu d'une quatrième succession d'animaux terrestres, et qu'après l'âge des reptiles, après celui des palæotériums, après celui des mammouths, etc., est venu l'âge de l'espèce humaine... » Cuvier, *Discours sur les révolutions de la surface du globe.*

2. Tome V, page 189 (*Suppléments*).

fon, et voici le titre qu'il donne à chacune.

Ire ÉPOQUE. *Lorsque la terre et les planètes ont pris leur forme.*

IIe ÉPOQUE. *Lorsque la matière, s'étant consolidée, a formé la roche intérieure du globe, ainsi que les grandes masses vitrescibles qui sont à sa surface.*

IIIe ÉPOQUE. *Lorsque les eaux ont couvert nos continents.*

IVe ÉPOQUE. *Lorsque les eaux se sont retirées, et que les volcans ont commencé d'agir.*

Ve ÉPOQUE. *Lorsque les éléphants et les autres animaux du Midi ont habité les terres du Nord.*

VIe ÉPOQUE. *Lorsque s'est faite la séparation des continents.*

VIIe ÉPOQUE. *Lorsque la puissance de l'homme a secondé celle de la nature.*

Je n'examinerai pas chacune de ces époques en particulier : Buffon n'a vu qu'en grand. D'Alembert dit très bien de Descartes : « que, s'il s'est trompé sur les lois du mouvement, il a du moins deviné le premier qu'il devait y en avoir[1]. » On peut en dire autant de Buffon. Il a vu que l'histoire de la nature avait *ses époques*, comme l'histoire des hommes : là est la *vue de l'esprit*, la vue du génie, et il a laissé à ses successeurs le

1. *Discours préliminaire de l'Encyclopédie.*

soin de déterminer ces *époques* avec précision[1].

Je n'examine ici que les grands faits sur lesquels Buffon a cru pouvoir fonder ses *époques*.

Premier fait. Que la terre est élevée sur l'équateur et abaissée sous les pôles, dans la proportion qu'exigent les lois de la pesanteur et de la force centrifuge.

Le fait du renflement de la terre à l'équateur et de son aplatissement aux pôles est un fait certain, un fait présent ; et c'est de ce fait certain, de ce fait présent, que Buffon tire l'état passé de la terre : Buffon conclut l'état passé du globe de la forme présente du globe.

« Le globe terrestre a précisément, dit-il, la figure que prendrait un globe fluide qui tournerait sur lui-même avec la vitesse que nous connaissons au globe de la terre. Ainsi la première conséquence qui sort de ce fait incontestable, c'est que la matière dont notre terre est composée était dans un état de fluidité au moment qu'elle a pris sa forme[2]. »

La terre a donc commencé par être fluide ; et, chose remarquable, quand Buffon dit fluide, peut-

1. Voyez, sur les époques réelles et positives, données par la science actuelle, mon *Histoire des travaux de G. Cuvier*. Paris, 1845.

2. Tome V, page 6 (*Suppléments*).

être ne dit-il pas assez. Suivant une opinion célèbre de M. de Laplace, l'état primitif de la terre a été l'état de vapeur, l'état de fluide élastique [1].

Mais, cette fluidité posée, quelle a pu en être la cause ? Est-ce l'eau ? Est-ce le feu ? Selon Buffon, c'est le feu ; c'est aussi le feu, et à plus forte raison, selon M. de Laplace, qui veut un état primitif de vapeur, de vaporisation, de fluide élastique. Le plus sage des géomètres pense donc ici comme le plus hardi des naturalistes ; et ce n'est pas tout, l'opinion de ces deux grands hommes semble confirmée, de nos jours, par des expériences directes.

« On ne concevait pas, dit M. Cuvier, quel pouvait avoir été le dissolvant de ces énormes masses de granits, de porphyres, qui constituent la base de nos grandes chaînes de montagnes et comme la grosse charpente du globe. M. Mitscherlich, en exposant à la chaleur des hauts fourneaux les matières trouvées par l'analyse dans plusieurs espèces de cristaux qui entrent dans la composition de ces masses, a vu ces cristaux se reproduire avec

1. « ... Quelle que soit la nature de cette cause, puisqu'elle a produit ou dirigé les mouvements des planètes, il faut qu'elle ait embrassé tous ces corps ; et, vu la distance prodigieuse qui les sépare, elle ne peut avoir été qu'un fluide d'une immense étendue. » *Exposition du système du monde*, tome II, page 432, 5e édit. « Les planètes ont été formées... par la condensation des zones de vapeurs... » *Ibid.*, page 435.

leurs formes et leurs caractères; il a refait ainsi de l'amphibole, du mica, de l'hyacinthe. On ne peut donc plus guère douter aujourd'hui que la masse primitive du globe n'ait été d'abord en fusion, et même en vapeur; et les suppositions, assez gratuites dans leur temps, de Descartes, de Leibnitz et de Buffon, et les conjectures déjà mieux appuyées de faits, présentées plus récemment par M. de Laplace, trouvent dans ces expériences une confirmation inattendue[1]. »

Deuxième fait. Que le globe terrestre a une chaleur intérieure qui lui est propre, et qui est indépendante de celle que les rayons du soleil peuvent lui communiquer.

Le fait de la chaleur intérieure du globe, ce grand fait qui n'a jamais eu contre lui que sa grandeur même, semble démontré aujourd'hui par des expériences nombreuses[2]. Le globe a une cha-

1. *Rapport sur la chimie,* lu le 23 avril 1826. M. Cuvier oublie de rappeler ici les beaux résultats des expériences de M. Berthier sur la *fusibilité des silicates*, résultats cités par M. Mitscherlich lui-même dans son Mémoire sur la production artificielle des minéraux cristallisés (*Annales de chimie et de physique*, 1823, page 376).

2. Je dis *semble démontré :* en effet, dans le plus grand nombre des cas, la chaleur croît *à mesure que l'on descend,* et la plupart des naturalistes admettent, avec M. Fourier, l'opinion de Buffon, l'opinion d'un *feu central.* Mais d'un autre côté, il se trouve des lieux où la température ne croît pas à mesure

leur propre : on reconnaît cette chaleur propre dès qu'on pénètre au dedans de la terre ; on la reconnaît par la température des eaux thermales, par celle des *puits artésiens,* par les observations faites dans les mines, etc. Buffon disait déjà : « Elle paraît augmenter à mesure que l'on descend [1]. » On peut affirmer aujourd'hui qu'elle augmente en effet, comme le supposait Buffon [2]. Plus on pénètre, plus on s'enfonce dans l'intérieur de la terre, c'est-à-dire plus on s'éloigne du soleil, plus la chaleur croît ; la chaleur de la terre ne dépend donc pas de celle du soleil [3] ; la terre a donc une chaleur propre.

que l'on pénètre dans l'intérieur de la terre ; et un géomètre célèbre, M. Poisson, a proposé, dans ces derniers temps, sur le grand phénomène qui nous occupe, des idées très différentes de celles que j'expose ici. Voyez sa *Théorie mathématique de la chaleur.*

1. Tome V, page 8 (*Suppléments*).

2. Du moins dans la plupart des cas. Voyez la note 2 de la page précédente. « Les observations recueillies jusqu'à ce jour paraissent indiquer que les divers points d'une même verticale prolongée dans la terre solide sont d'autant plus échauffés que la profondeur est plus grande, et l'on a évalué cet accroissement à un degré pour trente ou quarante mètres. Un tel résultat suppose une température intérieure très élevée ; il ne peut provenir de l'action des rayons solaires : il s'explique naturellement par la chaleur propre que la terre tient de son origine. » Fourier, *Remarques générales sur les températures du globe terrestre et des espaces planétaires.* (*Annales de chimie et de physique,* 1824, page 138).

3. « Il est facile de conclure, et il résulte d'ailleurs d'une

Troisième fait. Que la chaleur que le soleil envoie à la terre est assez petite en comparaison de la chaleur propre du globe terrestre, et que cette chaleur envoyée par le soleil ne serait pas seule suffisante pour maintenir la nature vivante.

Relativement à ce troisième fait, Buffon n'est pas aussi heureux, à beaucoup près, que relativement aux deux autres.

Le point de la question est ici de savoir si la chaleur qui *maintient la nature vivante* à la surface de la terre, en un seul mot, si la chaleur de la surface de la terre vient du soleil ou de la chaleur intérieure du globe. Or, sur ce point, Buffon se trompe de deux façons.

D'une part, il accorde beaucoup trop peu à l'action des rayons solaires; d'autre part, il accorde beaucoup trop à l'action de la chaleur intérieure du globe.

Buffon suppose que *la chaleur que le soleil envoie à la terre est assez petite;* et M. Fourier prouve qu'elle est *immense*[1].

analyse exacte, que l'augmentation de température dans le sens de la profondeur ne peut être produite par l'action prolongée des rayons du soleil. La chaleur émanée de cet astre s'est accumulée dans l'intérieur du globe; mais le progrès a cessé presque entièrement, et, si l'accumulation continuait encore, on observerait l'accroissement dans un sens précisément contraire à celui que nous venons d'indiquer. » Fourier, *loc. cit.*, page 157.

1. « Les alternatives des saisons sont entretenues par une *quantité immense* de chaleur solaire qui oscille dans l'enveloppe

Buffon suppose que *la chaleur envoyée par le soleil ne serait pas seule suffisante pour maintenir la nature vivante* : cependant elle suffit, car tout vit ; et M. Fourier prouve qu'elle est la seule, ou presque la seule, qui agisse aujourd'hui sur la surface du globe.

Buffon prétend que « les émanations de l'intérieur de la terre à la surface ont un degré de chaleur très réel et très sensible[1] ; » et M. Fourier prouve que cela n'est pas : « La chaleur primitive du globe ne cause plus, dit-il, d'effet sensible à la surface[2]. »

Enfin, Buffon nous effraie par le refroidissement prodigieux dont il menace le globe[3] ; et M. Fourier nous rassure : « La température de la surface du globe ne surpasse pas, dit-il, d'un trentième de

terrestre, passant au-dessous de la surface durant six mois, et retournant de la terre dans l'air pendant l'autre moitié de l'année. » Fourier, *loc. cit.*, page 165.

1. Tome V, page 10 (*Suppléments*).

2. *Loc. cit.*, page 138. Il dit encore : « L'effet de la chaleur primitive que le globe a conservée est devenu, pour ainsi dire, insensible à la superficie de l'enveloppe terrestre. » Page 161. Il dit enfin : « Nous connaissons avec certitude, par la théorie et les observations, que l'effet de la chaleur centrale est devenu depuis longtemps insensible à la superficie, quoiqu'il puisse être très grand à une profondeur médiocre. » Page 149.

3. Selon Buffon, il arrivera un moment où le globe sera assez refroidi « pour que la nature vivante y soit anéantie. » Tome V, page 241 (*Suppléments*).

degré centésimal la dernière valeur à laquelle elle doit parvenir[1]. »

Quatrième fait. Que les matières qui composent le globe de la terre sont, en général, de la nature du verre, et peuvent être toutes réduites en verre.

Buffon appelle *vitrescibles*, dans ses *Époques de la nature*, les matières qu'il appelait *vitrifiées* dans sa *Théorie de la terre*. Là-dessus De Luc fait la remarque suivante : « Les matières primordiales de notre globe, dit-il, sont réfractaires, calcaires, vitrescibles, et nullement vitrifiées. M. de Buffon les nomme vitrifiées dans sa *Théorie de la terre*, parce que cela devait être dans son hypothèse. Il les a nommées ensuite vitrescibles dans les *Époques de la nature;* mais alors l'objet changeait du tout au tout, car il s'agissait de la différence d'avoir été à n'avoir pas été fondues. Avec ce seul changement de mot, il fallait changer totalement le système; cependant M. de Buffon le conserve, puisque le passage d'un globe de matière fondue

1. *Loc. cit.*, page 138. On voit par là combien Buffon, ne connaissant pas les *lois du refroidissement*, a dû se tromper dans le nombre des années qu'il suppose pour chacune de ses *époques*, pour chacun des *états*, pour chacun des *refroidissements* successifs du globe.

à l'état actuel de la terre fait tout le sujet des *Époques*[1]. »

M. Cuvier dit : « Il paraît aujourd'hui extrêmement probable que la dissolution du globe a été produite par le feu ; car la chimie est parvenue à liquéfier par la voie sèche la matière des montagnes primitives, qui sont toutes composées de gneiss, de granit, etc... Ainsi, Buffon aurait deviné l'état primitif du globe et le mode de formation des montagnes de granit, s'il n'avait pas supposé que ces montagnes sont vitrifiées, tandis que, dans la réalité, les terrains primitifs sont seulement vitrifiables[2]. »

Je prends ici le mot *verre* dans un sens général et large, dans le sens où l'a pris Buffon. Laissons le petit débat sur le mot *vitrifié* et sur le mot *vitrifiable*[3] : la question est de savoir si les matières qui composent le globe de la terre ont été, ou non, fondues. Eh bien, tout semble prouver que Buffon avait raison, que ces matières ont été fondues ; et nous savons aujourd'hui, par des expériences certaines, qu'elles sont toutes fusibles.

1. *Lettres physiques et morales sur l'histoire de la terre et de l'homme*, tome V, partie II, page 605, 1779.

2. *Histoire des sciences naturelles* (Cours fait au collége de France), tome IV, page 166.

3. Buffon n'a pas attaché à ces deux mots l'importance qu'y attachent ici De Luc et M. Cuvier ; il se sert assez indifféremment, même dans sa *Théorie de la terre*, de l'un ou de l'autre.

Cinquième fait. Que l'on trouve sur toute la surface de la terre et même sur les montagnes, jusqu'à quinze cents et deux mille toises de hauteur, une immense quantité de coquilles et d'autres débris des productions de la mer.

Ce cinquième fait est le plus évident, le moins contestable de tous, celui que Buffon a le mieux connu, et, comme nous l'avons déjà vu[1], celui dont il a tiré le meilleur parti dans sa *Théorie de la terre.*

I. — Formation des montagnes.

Dans sa *Théorie de la terre*, Buffon attribuait la formation de toutes les montagnes à l'action des eaux. Dans ses *Époques de la nature,* il distingue très bien la formation des montagnes primitives de la formation des montagnes secondaires.

« L'intérieur de la terre doit être une matière vitrifiée... » (*Théorie de la terre*, tome I, page 150). « En considérant la terre dans son premier état, c'était d'abord un noyau de verre ou de matière vitrifiée... » (*Théorie de la terre*, tome I, page 258). Là il appelle, comme on voit, les matières qui composent le globe, des matières *vitrifiées;* il les appelle ici *vitrescibles:* « Les métaux, les minéraux, les sels, etc., ne sont qu'une terre vitrescible... » (*Théorie de la terre*, tome I, page 261).

1. Ci-devant, page 187.

« Lorsque j'ai composé, en 1774, mon *Traité de la Théorie de la terre,* je n'étais pas, dit-il, aussi instruit que je le suis actuellement, et l'on n'avait pas fait les observations par lesquelles on a reconnu que les sommets des plus hautes montagnes sont composés de granit et de rocs vitrescibles, et qu'on ne trouve point de coquilles sur plusieurs de ces sommets; cela prouve que ces montagnes n'ont pas été composées par les eaux, mais produites par le feu primitif, et qu'elles sont aussi anciennes que le temps de la consolidation du globe [1]. »

Les montagnes primitives ont donc été formées par le feu; mais comment le feu les a-t-il formées? Selon Buffon, les montagnes se sont formées à la surface du globe, comme il se forme des inégalités, des aspérités à la surface des masses de verre ou de métal fondu, qui se refroidissent [2].

Buffon n'a pas eu l'idée du soulèvement, de ce

1. Tome V, page 535 (*Suppléments*).

2. « Comparons les effets de la consolidation du globe de la terre en fusion à ce que nous voyons arriver à une masse de verre ou de métal fondu, lorsqu'elle commence à se refroidir : il se forme, à la surface de ces masses, des trous, des ondes, des aspérités..... lesquelles peuvent nous représenter ici les premières inégalités qui se sont trouvées sur la surface de la terre;... nous aurons dès lors une idée du grand nombre de montagnes... » (Tome V, page 71, *Suppléments*).

mécanisme, enfin trouvé, de la formation des montagnes[1].

Il suit, d'ailleurs, du mécanisme supposé par Buffon, d'abord, que toutes les montagnes sont contemporaines de la consolidation du globe[2], et, ensuite, qu'elles sont toutes contemporaines les unes des autres; et rien de cela n'est conforme aux faits.

Les beaux travaux de M. Élie de Beaumont nous ont appris, d'abord, que la formation des montagnes est fort postérieure à la consolidation du globe; et, en second lieu, que, parmi les montagnes, les unes sont fort postérieures aux autres.

Buffon s'est donc trompé sur le mécanisme de la formation des montagnes et sur l'époque où elles ont paru : s'est-il trompé de même sur la cause qui les a produites? On peut croire que

1. La théorie du *soulèvement* des montagnes est, comme je l'ai déjà dit page 192, une lumière toute nouvelle, et qui a manqué à Buffon. Cette théorie nous explique comment la mer a couvert toute la terre; comment elle avait même déposé des *terrains de sédiment*, des couches, lorsque les montagnes ont été *soulevées;* comment, en se *soulevant*, les montagnes ont redressé les couches horizontales, *ouvrage des eaux;* comment les vieilles roches ont percé ces couches et formé les *hauts sommets*, etc., etc.

2. « ... Elles sont aussi anciennes que le temps de la consolidation du globe. » (Tome V, page 535, *Suppléments*).

non, et que cette cause est en effet le feu, la chaleur intérieure de la terre, ce feu, cette chaleur, que Buffon a su voir comme *un fait réel, général*[1], et dont il a tiré, le premier, toute une théorie nouvelle du globe.

« L'action volcanique, dans le sens propre de ce mot, ne saurait être, dit M. Élie de Beaumont, la cause première des grands phénomènes qui nous occupent ; mais les éruptions volcaniques paraissent avoir elles-mêmes des rapports avec la haute température que présentent encore aujourd'hui les parties intérieures du globe, et les analogies qui, au premier aperçu, nous feraient chercher dans l'action volcanique proprement dite la cause des révolutions de la surface du globe, doivent nous conduire finalement à chercher cette même cause dans le phénomène beaucoup plus large de la haute température intérieure de la terre[2]. »

II. — Espèces perdues.

L'idée des espèces perdues, la plus belle idée du siècle en histoire naturelle, est dans Buffon : et

1. « ... Il nous suffit... qu'on reconnaisse cette chaleur intérieure de la terre comme un fait réel et général, duquel, comme des autres faits généraux de la nature, on doit déduire les effets particuliers. » (Tome V, page 11, *Suppléments*).

2. *Recherches sur quelques-unes des révolutions de la surface*

Buffon l'a eue dès le temps où il écrivait sa *Théorie de la terre*.

« Il peut se faire, disait-il alors, qu'il y ait eu de certains animaux dont l'espèce a péri : ces coquillages[1] pourraient être du nombre ; les os fossiles extraordinaires qu'on trouve en Sibérie, au Canada, en Irlande et dans plusieurs autres endroits, semblent confirmer cette conjecture, car jusqu'ici on ne connaît pas d'animal à qui on puisse attribuer ces os qui, pour la plupart, sont d'une grandeur et d'une grosseur démesurées[2]. »

« Tout semble démontrer, dit-il, dans ses *Époques de la nature*, qu'il y a eu des espèces perdues, c'est-à-dire des animaux qui ont autrefois existé, et qui n'existent plus[3]... »

III. — Grands ossements fossiles du Nord.

Si l'idée des espèces perdues est la plus grande idée de l'histoire naturelle, le fait des ossements fossiles trouvés dans le Nord en est le plus grand

du globe, etc. (dans le *Manuel géologique* de M. de Labèche, page 664).

1. Les *cornes d'Ammon* fossiles.

2. Tome I, page 290,

3. Tome V, page 27 (*Suppléments*). « Ces énormes dents, dont la face qui broie est composée de grosses pointes mousses, ont appartenu à une espèce détruite aujourd'hui sur la terre, comme les grandes volutes appelées *cornes d'Ammon* sont ac-

fait, car c'est ce fait qui a prouvé cette idée [1]. Pendant un demi-siècle, le problème des ossements fossiles du Nord a été le problème de tous les hommes qui ont pensé en histoire naturelle. Gmelin l'avait légué à Buffon ; Buffon le légua à Camper, à Pallas, à Blumenbach ; M. Cuvier l'a résolu, et c'est là sa gloire immortelle.

Buffon supposait que les terres du Nord, plus tôt refroidies, et par conséquent plus tôt habitables, avaient été le premier séjour des grands animaux terrestres. Ensuite, ces terres s'étaient de plus en plus refroidies, et, à mesure qu'elles avaient perdu leur température, elles avaient aussi perdu leur population : les grands animaux terrestres avaient passé du Nord au Midi [2].

Pallas imaginait une grande irruption des eaux

tuellement détruites dans la mer. » (Tome V, page 21, *Suppléments*). Les énormes dents dont parle ici Buffon sont celles du *mastodonte*, espèce en effet perdue.

1. « C'est par les os des quadrupèdes que nous apprenons, d'une manière assurée, le fait important des irruptions répétées de la mer, dont les coquilles et les autres produits marins à eux seuls ne nous auraient pas instruits... » Cuvier, *Discours sur les révolutions de la surface du globe.*

2. « Nous ne pouvons douter qu'après avoir occupé les parties septentrionales de la Russie et de la Sibérie,... où l'on a trouvé leurs dépouilles en grande quantité, ils n'aient ensuite gagné les terres moins septentrionales...; en sorte qu'à mesure que les terres du Nord se refroidissaient, ces animaux cherchaient des terres plus chaudes... » (Tome V, page 172, *Suppléments*).

qui, venues du sud-est, avaient transporté et enfoui dans le Nord les animaux du Midi.

M. Cuvier prouva que tous les animaux fossiles sont des animaux dont l'espèce n'existe plus.

Les animaux fossiles ne sont donc pas venus de l'Inde, comme le veut Pallas, puisque les animaux fossiles sont tous différents des animaux de l'Inde.

Les animaux actuels du Midi ne viennent donc pas des animaux fossiles du Nord, comme le veut Buffon, puisque les animaux qui vivent aujourd'hui dans le Midi sont tous différents de ceux qui ont vécu jadis dans le Nord.

Buffon n'avait pas su distinguer les éléphants fossiles des éléphants vivants. « Les défenses, les dents mâchelières, les omoplates, les fémurs et les autres ossements trouvés dans les terres du Nord, sont certainement, dit-il, des os d'éléphant; nous les avons comparés aux différentes parties respectives du squelette entier de l'éléphant, et l'on ne peut douter de leur identité d'espèce [1]. »

M. Cuvier est le premier qui ait distingué les éléphants vivants des éléphants fossiles. C'est même par cette distinction qu'il a commencé cette suite de découvertes et cette science de merveilles qui nous ont rendu toutes les populations antiques du globe.

1. Tome V, page 20 (*Suppléments*).

Qu'a-t-il donc manqué à Buffon? l'anatomie comparée[1]; et même sur combien de points, guidé par la seule *lumière de son génie*[2], ne l'a-t-il pas devancée? On peut en juger par cette page admirable :

« Les pétrifications sont le grand moyen dont la nature s'est servie pour conserver à jamais les empreintes des êtres périssables; c'est, en effet, par ces pétrifications que nous reconnaissons ses plus anciennes productions, et que nous avons une idée de ces espèces maintenant anéanties, dont l'existence a précédé celle de tous les êtres actuellement vivants et végétants, ce sont les seuls monuments des premiers âges du monde; leur forme est une inscription authentique qu'il est aisé de lire, en la comparant avec les formes des corps organisés du même genre; et, comme on ne leur trouve point d'individus analogues dans la nature vivante, on est forcé de rapporter l'existence de ces espèces, actuellement perdues, aux temps où la chaleur du globe était plus grande, et sans doute nécessaire à la vie et à la propaga-

1. Voyez, sur l'application de l'anatomie comparée à la détermination des ossements fossiles, mon *Histoire des travaux de G. Cuvier*, Paris, 1845.

2. Expression de Buffon... « Lorsqu'on commence à tomber dans cette profondeur du temps où la lumière du génie semble s'éteindre... » (Tome V, page 25, *Suppléments*).

tion de ces animaux et végétaux qui ne subsistent plus. — C'est surtout dans les coquillages et les poissons, premiers habitants du globe, que l'on peut compter un plus grand nombre d'espèces qui ne subsistent plus; nous n'entreprendrons pas d'en donner ici l'énumération, qui, quoique longue, serait encore incomplète; ce travail sur la vieille nature exigerait seul plus de temps qu'il ne m'en reste à vivre, et je ne puis que le recommander à la postérité [1]...

« Les ossements des animaux terrestres, conservés dans le sein de la terre, quoique beaucoup moins anciens que les pétrifications des coquilles et des poissons, ne laissent pas de nous présenter des espèces d'animaux quadrupèdes qui ne subsistent plus; il ne faut, pour s'en convaincre, que comparer les énormes dents à pointes mousses dont j'ai donné la description et la figure avec celles de nos plus grands animaux actuellement existants... De même, les très grosses dents carrées que j'ai cru pouvoir comparer à celles de l'hippopotame, sont encore des débris de corps démesurément gigantesques, dont nous n'avons ni le modèle exact, ni n'aurions pas même l'idée, sans ces témoins aussi authentiques qu'irréprochables; ils nous démontrent l'existence passée

1. Tome IV, page 156 (*Minéraux*).

d'espèces colossales différentes de toutes les espèces actuellement subsistantes[1]...

« Je le répète, c'est à regret que je quitte ces objets intéressants, ces précieux monuments de la vieille nature, que ma propre vieillesse ne me laisse pas le temps d'examiner assez pour en tirer les conséquences que j'entrevois... D'autres viendront après moi qui pourront supputer[2]... »

Je termine ici cet examen des idées de Buffon. Quand on étudie, avec nous, cette suite toujours croissante de grands travaux; quand on s'élève, comme nous l'avons fait, des idées sur l'économie animale, sur la formation des êtres, sur la géographie zoologique, sur l'histoire naturelle de l'homme, aux idées sur la théorie de la terre, aux idées sur les époques de la nature, on admire ce puissant génie dont la vue toujours domine. Dans les *Époques de la nature* en particulier, dans ce dernier et ce plus parfait de ses ouvrages, Buffon touche à tout ce qu'il y a de grand dans le temps, dans les faits, dans les forces de la nature, et néanmoins, dans ce livre de Buffon, il y a quelque chose qui paraît plus grand encore que toutes ces grandes choses : le génie de l'homme.

1. Tome IV, page 159 (*Minéraux*).
2. Tome IV, page 172 (*Minéraux*).

CHAPITRE XIII.

DU CARACTÈRE PROPRE DE BUFFON, CONSIDÉRÉ COMME HISTORIEN DE LA TERRE.

Buffon, considéré comme *historien de la terre*, est venu après beaucoup d'autres; il emprunte presque tout ce qu'il dit à ceux qui l'ont précédé, et n'en est pas moins original pour cela : il devient original par le parti qu'il tire de ces emprunts mêmes.

Avant Buffon, il y avait Palissy[1], Stenon[2], Scilla[3], Burnet[4], Leibnitz[5], Woodward[6], Whiston[7], etc. Entre ces auteurs, les trois principaux relativement à lui, j'entends *relativement au parti qu'il en a tiré*, sont Stenon, Woodward et Leibnitz. Il prend, aux deux premiers, le fait de la disposition de la terre par couches, celui des co-

1. *Discours admirables de la nature des eaux*, etc. 1580.
2. *De solido intra solidum naturaliter contento*, etc. 1669.
3. *La vana speculazione disingannata dal senso*, etc. 1670.
4. *Telluris theoria sacra*, etc. 1680-1689.
5. *Protogæa*, etc. 1683.
6. *An essay towards the natural history of the earth*, etc. 1695.
7. *A new theory of the earth*, etc. 1696.

quillages fossiles répandus partout, celui du changement des terres en mers et des mers en terres[1], etc.; il prend, au troisième, la vue des deux grands agents qui ont tout renouvelé sur le globe, le *feu* et l'*eau;* et, rassemblant ces membres épars de ses doctrines brillantes, il écrit successivement la *Théorie de la terre,* le *Système sur la formation des planètes,* et les *Époques de la nature.*

La base de la *Théorie de la terre* est dans les ouvrages de Stenon et de Woodward; la base du *Système sur la formation des planètes* est dans l'ouvrage de Leibnitz; les *Époques de la nature* sont une combinaison savante de toutes ces grandes idées, soumises à un ordre nouveau, et liées entre elles par un enchaînement admirable, lequel est la création propre de Buffon, est sa *découverte.*

I. — Théorie de la terre.

La base de toute la *Théorie de la terre* est dans ces deux faits : le premier, que ce globe est partout composé de matières, qui, d'abord fluides, se sont déposées ensuite par couches; le second, qu'il y a partout, dans ces couches,

1. « Sex itaque distinctas Etruriæ facies agnoscimus, dum bis fluida, bis plana et sicca, bis aspera fuerit... » *De solido intra solidum,* etc. Page 68.

des coquilles et d'autres productions marines.

Et ces deux faits sont dans Woodward. Ils y sont même avec une exagération vicieuse qui trompa Buffon; car, comme nous l'avons vu[1], tout n'est pas composé de couches sur la terre, et il n'y a pas des coquilles fossiles partout.

Je reviens à Woodward.

« La plus grande partie du globe terrestre, dit-il, se trouve composée de matières disposées par couches, depuis la surface jusqu'aux endroits les plus profonds où l'on ait pu parvenir en creusant. C'est sur les observations que j'ai faites là-dessus que toutes mes conclusions, au sujet de la terre, sont fondées. . . . .[2] »

Relativement aux *coquilles fossiles*, personne ne fait mieux voir que lui, par tous les détails de leur structure, que ce sont de vraies coquilles, de vraies productions animales; il était anatomiste, comme Stenon : ici l'anatomiste devait aider beaucoup le géologue; enfin, et c'est là sa qualité dominante, il était observateur.

Buffon distingue très bien Woodward de Burnet, de Whiston et des *autres spéculatifs*[3], comme il les appelle.

1. Ci-devant, page 191.
2. *An essay towards*, etc. Page 6 de la traduction.
3. « Tous ces spéculatifs n'ont pas fait attention... » Tome I, page 189.

Il lui reconnaît « le mérite d'avoir rassemblé plusieurs observations importantes, et d'avoir mieux connu que ceux qui avaient écrit avant lui, les matières dont le globe est composé[1]. » Il le plaint seulement de ce que, « avec d'excellentes observations, il a fait un mauvais système[2]. »

Aux deux faits de la disposition de la terre par couches et des coquilles marines répandues partout, Buffon joint le fait de la direction correspondante des collines et des vallons, qu'il emprunte à Bourguet[3]; et, de ces trois faits réunis, il conclut, comme Stenon, comme Woodward, comme Leibnitz, comme Bourguet, que la mer a couvert la terre.

La mer a donc couvert la terre : voilà le premier résultat de l'étude positive du globe, et, certes, ce résultat est grand. Mais, puisque la mer a couvert la terre, comment y avait-elle été portée d'abord, comment s'en est-elle retirée ensuite? Ces deux questions ont produit bien des systèmes.

Woodward place un grand réservoir dans le centre du globe : c'est de là que les eaux sont venues, c'est là qu'elles sont rentrées, quand il l'a

1. Tome I, page 184.
2. Tome I, page 191.
3. Voyez ci-devant, page 197.

fallu [1]. Ce réservoir, ce *grand abîme*, avait déjà servi à Burnet [2] ; il servit plus tard à Whiston [3]. Leibnitz imagine de grandes cavernes, dont les voûtes, en s'affaissant, ouvrirent aux eaux un vaste refuge [4] ; et ces cavernes de Leibnitz ont été la ressource de presque tous les géologues jusqu'à nos jours. Les moyens qu'emploie Buffon sont beaucoup plus simples.

D'une part, la mer *fait* sans cesse des montagnes dans son fond. D'autre part, les eaux de la pluie, les fleuves, *défont* sans cesse les montagnes de la terre.

« Ne sait-on pas, dit Buffon, que les montagnes s'abaissent continuellement par les pluies qui en détachent les terres et les entraînent dans les vallées ? Ne sait-on pas que les ruisseaux roulent les terres des plaines et des montagnes dans les fleuves, qui portent, à leur tour, cette terre su-

1. Buffon : exposition du système de Woodward, tome I, page 186.

2. « ... Dans un instant toute la terre s'écroula et tomba par monceaux dans l'abîme d'eau qu'elle contenait... » Buffon : exposition du système de Burnet, tome I, page 182.

3. « ... Cette eau forme une couche concentrique,... de sorte que le grand abîme est composé de deux orbes concentriques, dont le plus intérieur est un fluide pesant, et le supérieur est de l'eau. » Buffon, tome I, page 173.

4. « Potuit enim (aquæ superfluum) per cæcos aditus, tum primum diruptos, recipi cavernis immanibus, et in globi interiora penetrare... » *Protogæa*, page 11, édition de 1748.

perflue dans la mer? Ainsi, peu à peu le fond des mers se remplit, la surface des continents s'abaisse et se met de niveau, et il ne faut que du temps pour que la mer prenne successivement la place de la terre [1]. »

« Personne, ne peut nier, dit-il encore, que, sur une côte contre laquelle la mer agit avec violence dans les temps qu'elle est agitée par le flux, ces efforts réitérés ne produisent quelque changement, et que les eaux n'emportent à chaque fois une petite portion de la terre de la côte..... Ces particules de pierre ou de terre sont transportées par les eaux jusqu'à une certaine distance et dans certains endroits où le mouvement de l'eau, se trouvant ralenti, abandonne ces particules à leur propre pesanteur, et alors elles se précipitent au fond de l'eau en forme de sédiment, et là elles forment une première couche [2], etc., etc.» On conçoit aisément tout le reste: cette couche est bientôt couverte et surmontée d'une autre, puis d'une autre encore, et peu à peu, *par succession de temps*, comme dit Buffon, il se forme une montagne dans la mer.

Voilà donc les montagnes formées dans la mer; mais comment en sortiront-elles? « Comment, disait Voltaire, la mer, qui ne s'élève qu'à la hau-

1. Tome I, page 98.
2. Tome I, page 84.

teur de quinze ou vingt pieds dans ses plus grandes intumescences, a-t-elle produit des roches hautes de dix-huit mille pieds ?[1] » — « Comment, dit De Luc, la mer pourrait-elle, en déposant des couches, former des montagnes élevées de mille, deux mille, trois mille toises au-dessus de la mer[2] ? »

Buffon dit que les pluies et les fleuves portent à la mer toute la terre des montagnes. Accordons-lui que cela soit, quoique cela ne puisse pas être[3]. Au pis aller, la mer sera comblée, mais elle n'élèvera jamais des montagnes au-dessus d'elle. Voltaire et De Luc ont raison ; l'impossibilité physique est ici de toute évidence ; chacun la voit : comment Buffon ne l'a-t-il pas vue ? c'est qu'il avait fait le système.

II. — Système sur la formation des planètes.

Tout le système de Buffon sur la *formation des planètes* est tiré de Leibnitz.

Buffon veut que la terre ait commencé par être une partie du soleil, et Leibnitz dit qu'elle a été

1. *Singularités de la nature.*

2. *Lettres physiques et morales sur l'histoire de la terre et de l'homme*, tome I, page 407.

3. « Démolissons, dit De Luc, toutes les montagnes de nos « anciens continents, transportons à la mer tous leurs maté- « riaux, tant que nous aurons des rivières pour les charrier,

un soleil. Il veut qu'elle ait été d'abord brûlante, fluide, et lumineuse par elle-même, et Leibnitz le veut aussi. Quand, dit Buffon, la terre fut refroidie, les vapeurs se condensèrent et formèrent les mers qui couvrirent tout, et Leibnitz dit la même chose[1]. Enfin, Buffon dit que « l'intérieur de la terre doit être une matière vitrifiée dont les sables, les grès, le roc vif, les granits, et peut-être les argiles, sont des fragments et des scories[2]; » et, plus d'un demi-siècle avant lui, Leibnitz l'avait dit.

A la vérité, Leibnitz ne dit pas que la terre ait été détachée du soleil par une comète. C'est un petit avantage qu'il laisse à Buffon, qui en paraît très fier.

« Je crois, dit-il, que son système (le système de Leibnitz) aurait acquis un grand degré de généralité, et un peu plus de probabilité, s'il se fût élevé à cette idée[3]. »

« s'entend... En effet, à mesure que les montagnes s'abaissent, « les rivières diminuent ;... les eaux ne courent plus avec au- « tant de rapidité ;... nos continents ne peuvent donc absolu- « ment point avoir été formés des débris d'anciens continents « détruits par des fleuves. » *Lettres*, etc. Tome II, page 14.

1. « Primus est formationis gradus, separatio lucis et tene- « brarum.... secundus.... liquidorum discessio a siccis.... » *Protogæa*, etc., page 3, édition de 1748.

2. Tome I, page 150.

3. Tome I, page 133.

Leibnitz se serait-il *élevé?* Je l'ai déjà dit[1], une comète n'aurait pas assez de masse pour détacher une partie du soleil. La comète de Buffon est d'ailleurs tirée de Whiston; et, chose assez singulière, il s'en moque tant qu'elle est dans Whiston, «lequel, dit-il, plus ingénieux que raisonnable..., explique, par la queue d'une comète, tous les changements qui sont arrivés au globe terrestre.[2]»

On peut remarquer ici que c'est précisément la même comète, la comète de 1680, qui fournit à Whiston l'idée de son système, et à Bayle l'idée de son fameux livre *sur les comètes*[3]. Peu de comètes ont eu de ces bonnes fortunes.

On peut remarquer encore que la grande vue de la fluidité primitive de la terre, si fortement conçue par Leibnitz et par Buffon, était déjà dans Descartes.

« Descartes, dit Fontenelle, est le premier, car il arrive souvent que l'histoire de quelque recherche ou de quelque découverte commence par lui, qui ait eu la pensée d'expliquer mécaniquement (par la consolidation d'une matière fluide) la formation de la terre; ensuite Stenon, Burnet, Woodward, Scheuchzer, ont pris ou étendu ou

1. Page 205.
2. Voyez ci-devant, page 205.
3. *Pensées diverses sur la comète*, etc.

rectifié ses idées, et ont ajouté les uns aux autres[1]. »

X

III. — Époques de la nature.

Les *Époques de la nature* n'ont paru que vingt-neuf ans après la *Théorie de la terre* et le *Système sur la formation des planètes*[2]. C'est au fond, comme nous l'avons vu[3], le même ouvrage que ces deux-là, mais dont tout le plan a été changé, mais dont tout l'ensemble a été remanié, et remanié par l'homme qui savait le mieux féconder le génie par l'étude et arriver par le travail à la perfection.

D'abord, le *Système sur la formation des planètes* ne venait qu'après la *Théorie de la terre*. Dans les *Époques de la nature*, le *Système sur les planètes* forme les deux premières *époques*, celles où le *feu* règne; la *Théorie de la terre* ne commence qu'à la troisième, qu'à celle où commence l'action des *eaux*.

Je ne reviendrai pas ici sur toute cette magnifique suite de vues que Buffon nous présente : le globe passant du chaos à la lumière, de l'incandescence au refroidissement; le refroidissement per-

1. *Histoire de l'Académie des sciences*, année 1708, page 30.

2. La *Théorie de la terre* et le *Système sur les planètes* sont de 1749; les *Époques de la nature*, sont de 1778.

3. Ci-devant, page 208.

mettant la chute des eaux; l'établissement de la mer universelle amenant les premiers coquillages, les premiers végétaux, la construction de la surface du globe par lits et par couches; puis les eaux se retirant, les courants de la mer creusant nos vallons; enfin, « la nature, dans son premier moment de repos, donnant ses productions les plus nobles [1], » les animaux terrestres d'abord, et puis l'homme.

Je rappelle seulement que, dans les *Époques de la nature,* Buffon ne forme plus les montagnes comme il les formait dans la *Théorie de la terre.* Les montagnes ne sont plus que les *boursouflures d'une matière vitrifiée* [2]. Mais j'ai suffisamment parlé de tout cela [3]. Je passe à un autre objet.

IV. — De Maillet et de Boulanger.

Les critiques contemporains ont souvent accusé Buffon d'avoir pris, dans Maillet, la plupart de ses idées sur la formation des montagnes.

« Maillet, dit Voltaire, a imaginé que nos mon-

1. Tome V, page 223 (*Suppléments*).

2. Dans le premier refroidissement de notre globe, et lorsque ses matières commencèrent à se durcir, « il s'y fit des vides, des cavités, des *boursouflures*, lesquelles peuvent nous représenter ici les premières inégalités qui se sont trouvées sur la surface de la terre et les cavités de son intérieur... » Tome V, page 71 (*Suppléments*).

3. Ci-devant, page 225.

tagnes avaient été faites par le flux, le reflux et les courants de la mer. Cette étrange imagination a été fortifiée dans l'*Histoire naturelle* imprimée au Louvre, comme un enfant, inconnu et exposé, est quelquefois recueilli par un grand seigneur...[1]. »

La vérité est que Maillet, quoique souvent bien fou dans les choses qu'il dit, nous étonne aussi quelquefois par la sagacité peu commune de son esprit. Personne n'a mieux vu que lui que la terre que nous habitons, la terre actuellement sèche, n'est qu'un ancien *fond de mer*. Il forme, comme Buffon, les montagnes dans la mer ; et puis il les en tire par un moyen beaucoup plus simple encore que celui de Buffon, par la *diminution des eaux*. Cette diminution continue des eaux est la base de tout son livre[2], et n'est qu'une erreur[3] ; mais, du moins, cette erreur n'a-t-elle, en soi, rien d'absurde.

On ne peut en dire autant de toutes les autres erreurs qu'il y mêle.

La mer ayant commencé par couvrir la terre, il veut que tous les animaux actuels aient com-

1. *Singularités de la nature : De la formation des montagnes.*

2. Qu'il intitule : *Telliamed*, mot qui est l'anagramme de son nom (de Maillet).

3. Il y a des diminutions *locales*, il n'y a pas de diminution *totale* de la mer. La mer se retire de certains lieux ; elle ne se retire pas de *partout*, comme l'entend Maillet.

mencé par être *poissons*. Il faut voir, dans son livre, comment, de poissons, ils sont devenus reptiles, oiseaux, quadrupèdes; comment les écailles se sont changées en poils, en plumes, les nageoires en ailes, en jambes, etc. L'homme lui-même vient de la mer : avant l'*homme terrestre*, il y avait l'*homme marin*, qui vivait dans la mer, qui avait une queue de poisson, des nageoires, des écailles, etc. Toutes ces folies l'enchantent, il les expose gravement dans son livre, mais il avait eu l'esprit de commencer par en rire dans sa préface. Cette préface est une épître dédicatoire à Cyrano de Bergerac.

« C'est à vous, illustre Cyrano, lui dit-il, que j'adresse cet ouvrage : puis-je choisir un plus digne protecteur de toutes les folies qu'il renferme?... » Et il finit par l'assurer, ce que son livre prouve en effet très bien : « qu'on peut extravaguer dans la mer comme dans la lune. »

Boulanger, l'auteur de l'*Antiquité dévoilée par ses usages*, avait étudié l'histoire naturelle de la terre autant qu'on peut le faire sans être naturaliste. Diderot nous dit, en parlant de lui, et dans un style beaucoup trop enflé : « Qu'il avait vu la multitude de substances diverses que la terre recèle dans son sein;..... qu'il avait vu l'homme couché au nord sur les os de l'éléphant, et se promenant ici sur la demeure des baleines;

la nourriture d'un monde présent croissant sur la surface de cent mondes passés[1]... »

Boulanger avait écrit quelques pages sur les révolutions du globe, et les avait adressées à Buffon. Après la mort de Boulanger, le manuscrit s'égara, Buffon n'en parla point, et on ne manqua pas de l'accuser d'en avoir profité, sans en rien dire.

Voici ce que je trouve là-dessus dans une *lettre* de Buffon à l'abbé Bexon.

« Je suis maintenant très décidé à ne faire aucune réponse au sujet du manuscrit Boulanger; je n'ai jamais lu moi-même ce manuscrit : on m'en a lu quelques endroits, et l'on m'a fait l'extrait de ce qui regardait le cours de la Marne, dont je vous ai remis à vous-même la carte. Voilà tout ce que j'ai retiré de ce manuscrit, que je connaissais d'avance par la lettre que Boulanger m'avait écrite en 1750; en sorte qu'ayant alors jeté cette lettre, j'ai de même jeté le manuscrit comme papier très inutile; mais je vois qu'il n'est pas nécessaire d'en convenir aujourd'hui : il vaut mieux laisser ces mauvaises gens dans l'incertitude, et, comme je garderai un silence absolu, nous aurons le plaisir de voir leurs manœuvres à découvert[2]. »

1. *Lettre sur Boulanger.*

2. Voyez plus loin, dans les *Lettres* de Buffon, la *Lettre* XIe.

Je viens de passer en revue les principaux auteurs employés par Buffon. Puis-je avoir ôté par là quelque chose à sa gloire? Assurément non. Buffon n'était pas précisément un observateur; d'autres observaient et découvraient pour lui. Il découvrait, lui, sur les observations des autres; il cherchait des idées, d'autres lui cherchaient des faits. Il avait Daubenton pour l'anatomie; Gueneau de Montbéliard, Bexon, pour la zoologie. Il prit, si je puis ainsi dire, à pareil titre, Woodward, Stenon, Whiston, etc., pour la géologie. Le grand Leibnitz lui donna des vues, comme Descartes en avait donné à Leibnitz lui-même.

M. de Fontanes, dans le beau discours qu'il a mis en tête de sa traduction de l'*Essai sur l'homme* de Pope, dit de Leibnitz : « Qu'il aurait régné sur vingt siècles, comme Platon, s'il en avait eu l'éloquence. »

A ne considérer ici que l'histoire de la nature, Buffon est Leibnitz avec l'éloquence de Platon.

Leibnitz n'avait parlé que pour les savants, Buffon a parlé pour tous les hommes. Il a enflammé leur imagination de ce qui enflammait la sienne; il les a contraints à se faire une occupation de ce qui l'occupait lui-même : pouvoir qui n'a jamais été que celui de l'éloquence.

Il a reculé toutes les limites de la pensée touchant les plus grands phénomènes de la nature.

On croyait que le monde avait toujours été tel qu'il est. « L'univers, dit Ocellus Lucanus, ne nous annonce rien qui décèle une origine ou présage une destruction ; on ne l'a pas vu naître, ni croître, ni s'améliorer ; il est toujours le même, de la même manière, toujours égal et semblable à lui-même. » Ceux même qui, parmi les anciens, avaient aperçu quelque chose des révolutions du globe, n'ont jamais eu là-dessus que des idées fort étroites. Ils ont eu l'idée de plusieurs déluges ; ils n'ont jamais eu l'idée d'un déluge universel. Comme le dit très bien Woodward : « la tradition et la philosophie leur manquaient tout à la fois pour cela [1]. »

Ce que l'antiquité n'avait pas vu, ce que les esprits les plus avancés parmi les modernes voyaient à peine encore, Buffon l'a rendu vulgaire. C'est qu'il réunissait en lui le génie de la pensée et celui du style. Il faut dire de lui, et avec bien plus de raison, ce qu'il dit de Burnet : « qu'il sait peindre et présenter avec force de grandes images, et mettre sous les yeux des scènes magnifiques [2]. » Il avait cette métaphysique, qu'il reproche à la plupart de ses devanciers de n'avoir point eue, « qui rassemble les idées particu-

1. *An essay towards*, etc., page 39 de la traduction.
2. Tome I, page 180.

lières, qui les rend plus générales, et qui élève l'esprit au point où il doit être pour voir l'enchaînement des causes et des effets [1]. »

On ne trouve point en lui, il est vrai, ce sentiment religieux, simple et naïf, qui, dans Woodward, par exemple, nous attache si fort à son livre [2].

On se tromperait pourtant, et l'on se tromperait beaucoup, si l'on supposait que, au milieu de toutes les causes qu'il étudie, il n'a pas su voir la cause première. Plus on voit les forces de la nature, plus on les voit toutes subordonnées les unes aux autres, et toutes à une. La science est une suite de révélations, dont la plus sublime est celle de l'Être suprême qui conduit tout. Il y a, si je puis ainsi dire, une échelle de découvertes, dont la plus élevée, la dernière, nous découvre Dieu.

« Les vérités de la nature, dit éloquemment Buffon, ne devaient paraître qu'avec le temps, et

1. Tome I, page 194.

2. « Il règne dans le monde, dit Woodward, un esprit de scepticisme qui tend à renverser toutes les idées... Ceux qui en sont possédés s'imaginent que les lois de la nature étant fixes, permanentes et invariables, la forme de toutes les choses matérielles est éternelle, que la terre et tous les corps qu'elle contient ont toujours été et seront toujours dans l'état où ils sont maintenant, qu'ainsi il est inutile qu'il y ait un Dieu. Ils ne peuvent cependant nier qu'il ne doive y en avoir un, si on peut montrer qu'il a été un temps où la terre et les corps qui l'environnent étaient dans un état différent de celui où nous les

le souverain Être se les réservait comme le plus sûr moyen de rappeler l'homme à lui, lorsque sa foi, déclinant dans la suite des siècles, serait devenue chancelante ; lorsque, éloigné de son origine, il pourrait l'oublier ; lorsqu'enfin, trop accoutumé au spectacle de la nature, il n'en serait plus touché, et viendrait à en méconnaître l'auteur. Il était nécessaire de raffermir de temps en temps et même d'agrandir l'idée de Dieu dans l'esprit et dans le cœur de l'homme. Or chaque découverte produit ce grand effet ; chaque nouveau pas que nous faisons dans la nature nous rapproche du Créateur. Une vérité nouvelle est une espèce de miracle, l'effet en est le même, et elle ne diffère du vrai miracle, qu en ce que celui-ci est un coup d'éclat que Dieu frappe immédiatement et rarement, au lieu qu'il se sert de l'homme pour découvrir et manifester les merveilles dont il a rempli le sein de la nature ; et que, comme ces

voyons, puisqu'il n'est pas possible qu'ils aient changé sans le concours et l'entremise d'un être actif et intelligent... Cette destruction et le rétablissement d'une nouvelle terre, faite des débris de la première, font voir qu'il y a un Dieu. C'est, en effet, une conséquence si nécessaire, qu'elle ne peut être attaquée par ceux qui font quelque attention aux choses les plus communes, et encore moins par ceux qui réfléchissent sur la structure et le mécanisme de notre globe, et sur l'art singulier avec lequel sont disposées toutes les parties qui le composent. » *An essay*, etc., page 172 de la traduction.

merveilles s'opèrent à tout instant, qu'elles sont exposées de tout temps et pour tous les temps à sa contemplation, Dieu le rappelle sans cesse à lui, non-seulement par le spectacle actuel, mais encore par le développement successif de ses œuvres [1]. »

1. Tome V, page 38 (*Suppléments*).

CHAPITRE XIV.

PHILOSOPHIE GÉNÉRALE DE BUFFON.

I. — Goût de Buffon pour les systèmes.

Je ne fais que rappeler ici ce que j'ai déjà dit tant de fois des deux esprits qui, tour à tour, conduisent Buffon : l'esprit d'expérience et l'esprit de système.

Personne n'a plus sacrifié que lui à l'esprit de système. On est tenté, à chaque moment, de lui appliquer ce qu'il dit si bien d'Aristote, qui, « en raisonnant sur les phénomènes, ne *voulut pas* oublier son système général de philosophie ; qui n'ignorait, d'ailleurs, aucun fait, aucune observation..., et qui avait un génie élevé, tel qu'il le faut pour rassembler avantageusement les observations et généraliser les faits [1]. »

Peut-on n'en pas dire autant de Buffon? Ne regrettera-t-on pas toujours qu'il ait mêlé si fréquemment les systèmes aux théories ? N'a-t-il pas toujours connu, dès qu'il *l'a voulu*, toutes les ob-

1. Tome II, page 92.

servations, tous les faits? et n'avait-il pas aussi, pour rassembler les observations et généraliser les faits, un génie admirable ?

Assurément, Buffon est grand même par ses systèmes ; car, à tout prendre, j'aime mieux une conjecture qui élève mon esprit qu'un fait exact qui le laisse à terre, et j'appellerai toujours grande la pensée qui me fait penser.

C'est là le génie de Buffon, et le secret de sa puissance : c'est qu'il a une force qui se communique ; c'est qu'il ose, et qu'il inspire à son lecteur quelque chose de sa hardiesse ; c'est qu'il met partout sous mes yeux le courage des grands efforts, et qu'il me le donne.

« Tout système, dit Buffon, n'est qu'une combinaison raisonnée, une ordonnance des choses ou des idées qui les représentent, et c'est le génie seul qui peut faire cette ordonnance, c'est-à-dire un système en tout genre, parce que c'est au génie seul qu'il appartient de généraliser les idées particulières, de réunir toutes les vues en un faisceau de lumière, de se faire de nouveaux aperçus, de saisir les rapports fugitifs, de rapprocher ceux qui sont éloignés, d'en former de nouvelles analogies, de s'élever enfin assez haut et de s'étendre assez loin pour embrasser à la fois tout l'espace qu'il a rempli de sa pensée ; c'est ainsi que le génie seul peut former un ordre systématique des choses et des faits, de leurs combinaisons respectives, de la dépendance des causes et des effets ; de sorte que le tout rassemblé, réuni, puisse présenter à l'esprit un grand tableau de spéculations suivies, ou du moins un vaste spectacle dont toutes les scènes se lient et se tiennent par des idées conséquentes et des faits assortis [1]. »

Buffon est donc grand et très grand jusque dans ses systèmes ; et pourquoi ? Lui-même nous l'explique, et vient de le dire : c'est qu'il s'élève assez haut et s'étend assez loin *pour remplir tout l'espace de sa pensée.*

Cependant, quelque belle que soit la pensée qui nous donne le spectacle des *spéculations suivies,* la pensée qui nous donne le spectacle des *vérités découvertes* est plus belle encore, et toutes les hypothèses de Buffon ne vaudront jamais une seule de ses grandes lois expérimentales.

On a vu ce chapitre où Buffon pose la loi qui sépare les animaux des deux continents : c'est en comparant, un à un, sans hypothèse, sans conjecture, sans système, tous les animaux connus des deux mondes, que Buffon a découvert cette loi.

C'est aussi en comparant, un à un, tous les

1. Tome II, page 346 (*Minéraux*).

animaux vivants à tous les animaux fossiles, que M. Cuvier a découvert la loi des espèces perdues.

Là sont les deux grandes lois de la nature vivante ; et c'est la méthode expérimentale qui les a données.

Et puisque enfin le problème était d'arriver jusqu'à ces deux lois, bases de toute une histoire naturelle nouvelle, je demande ce qu'auraient fait pour cela des systèmes.

II. — Idées de Buffon sur la nature.

Buffon, comme la plupart des écrivains du dix-huitième siècle, a beaucoup abusé du mot *nature*.

Cependant Buffon n'a pas dit, très certainement, ce que lui fait dire Hérault de Séchelles : « J'ai toujours nommé le Créateur, mais il n'y a qu'à ôter ce mot et mettre à la place la puissance de la nature[1]. »

Si vous mettez la nature à la place de l'auteur de la nature, la nature sera Dieu. Et quel Dieu ! un Dieu assujetti, borné, qui fait et ne sait pas, qui me donne l'intelligence et qui n'a pas l'intelligence !

Buffon dit : « Lorsqu'on nomme la *nature* purement et simplement, on en fait une espèce d'être

1. *Voyage à Montbar*, page 36.

idéal, auquel on a coutume de rapporter, comme cause, tous les effets constants, tous les phénomènes de l'univers[1]. »

Voilà qui est très bien : la nature n'est qu'un être idéal. Pourquoi donc mettre partout cet être idéal à la place de l'être réel ? Pourquoi ? Parce qu'un *être idéal* est le ressort le plus commode en philosophie. Buffon suppose à la nature des *vues*, des *projets*[2], des *erreurs*[3], des *caprices*[4].

« Il semble, dit-il, que quand la nature essayait toutes les puissances de sa première vigueur, et qu'elle ébauchait le plan de la forme des êtres, ceux en qui les proportions d'organes s'unirent avec la faculté de se reproduire ont été les seuls qui se soient maintenus ; elle ne put donc adopter à perpétuité toutes les formes qu'elle avait tentées ; elle choisit d'abord les plus belles pour en

1. Tome I, page 3 (*Oiseaux*).

2. « ... Nous ne devons supposer à la nature que des vues fixes et des projets certains. » (Tome III, page 450, *Oiseaux*).

3. « La vieille nature de l'ancien continent, toujours supérieure à la nature moderne du nouveau monde dans toutes ses productions, se montre aussi plus grande, même dans ses erreurs, et plus puissante jusque dans ses écarts. » (Tome VII, page 36, *Oiseaux*).

4. « Toutes les parties qui, dans les animaux, sont excessives, surabondantes, placées à contre-sens,... ne doivent pas être mises dans le grand plan des vues directes de la nature, mais dans la petite carte de ses caprices. » (Tome VII, page 109, *Oiseaux*).

composer le tout harmonieux des êtres qui nous environnent : mais au milieu de ce magnifique spectacle, quelques productions négligées, et quelques formes moins heureuses, jetées comme des ombres au tableau, paraissent être les restes de ces dessins mal assortis [1]. »

Voilà donc un être idéal, la *nature*, qui *essaie*, qui *ébauche*, qui *choisit*, qui *tente*, etc., etc.

Dans Buffon, le mot *nature* se prête à tout. Là, c'est la nature qui, prise au sens actif, produit la nature, prise au sens passif : « La nature active, en produisant les êtres, leur imprime, dit Buffon, un caractère particulier qui fait leur nature propre et passive [2]. » Ailleurs : « La nature obéit aux lois établies par le souverain Être [3] ; » plus loin : « La nature est le système des lois établies par le Créateur [4]. »

Buffon dit très bien : « La nature n'est point une chose, car cette chose serait tout [5]. » Il dit beaucoup mieux encore : « La nature n'est point un être, car cet être serait Dieu [6]. » Qu'est-ce donc que la nature ? « Une puissance vive, im-

1. Tome VIII, page 115 (*Oiseaux*).
2. Tome I, page 4 (*Oiseaux*).
3. Tome II, page 107 (*Minéraux*).
4. Tome XII, page iij.
5. Tome XII, page iij.
6. Tome XII, page iij.

mense, qui embrasse tout, qui anime tout, etc.[1] »

La nature n'est ni une chose, ni un être, ni une *puissance* : comme Buffon le disait tout à l'heure, la *nature*, prise au sens actif, n'est qu'un être idéal, c'est-à-dire un mot, et la philosophie devrait bien se débarrasser enfin de tous les mots qui ne sont que des mots.

III. — Causes finales.

« Il y a des choses, dit Montesquieu, que tout le monde dit, parce qu'elles ont été dites une fois[2]. »

Bacon ayant dit qu'il fallait exclure les causes finales de l'histoire naturelle, tout le monde a répété qu'il fallait exclure les causes finales de l'histoire naturelle.

Lorsque Bacon se plaint de ce que . « La manie de traiter des causes finales dans la physique en avait chassé et comme banni la recherche des causes physiques[3], » il a raison ; mais lorsqu'il loue Démocrite « d'avoir écarté Dieu du système du monde[4], » il a grand tort.

Jusqu'ici, la discussion sur l'emploi des causes

1. Tome XII, page iij.

2. *Considérations sur les causes de la grandeur des Romains et de leur décadence*, chapitre IV.

3. *De la dignité et de l'accroissement des sciences* (Traduction de Lasalle).

4. « La philosophie de Démocrite et de ces autres contempla-

finales en histoire naturelle n'a été qu'un malentendu. Il ne faut pas expliquer les choses physiques par les causes métaphysiques, pas plus qu'il ne faut expliquer les choses métaphysiques par les causes physiques; mais il faut voir dans les choses physiques comme dans les choses métaphysiques le dessein qui y est partout, le grand dessein, c'est-à-dire l'assortiment des choses entre elles, le rapport des *causes* avec les *fins*, les *causes finales*.

Bacon loue Démocrite d'avoir écarté Dieu du système du monde : il dit encore que « la place des causes finales est dans la métaphysique et non dans la physique [1] ; » et moi je dis qu'elle est partout; car y a-t-il moins de dessein dans les choses physiques que dans les choses métaphysiques ? Y a-

tifs qui ont écarté Dieu du système du monde, et attribué la formation de l'univers à ce nombre infini de *tentatives* et d'*essais* de la nature, qu'ils désignaient par le seul mot de *destin* ou de *fortune*, ne reconnaissant pour cause des choses particulières que la seule nécessité, sans l'intervention des *causes finales*, cette philosophie, dis-je, nous paraît, quant aux *causes physiques*, avoir beaucoup plus de solidité, et avoir pénétré plus avant dans la nature que celle de Platon et d'Aristote, par cette raison-là même que les premiers ne se sont jamais occupés des causes finales, au lieu que les derniers n'ont fait que rebattre sur ce sujet-là. » *De la dignité et de l'accroissement des sciences.* (Traduction de Lasalle).

1. *De la dignité et de l'accroissement des sciences* (Traduction de Lasalle).

t-il moins de combinaisons raisonnées, moins de plan, moins de vues, moins de causes calculées pour les fins? Et ces causes calculées pour les fins, ne sont-ce pas les causes finales ?

« Ce n'est point, dit Buffon, par des causes finales que nous pouvons juger des ouvrages de la nature ; nous ne devons pas lui prêter d'aussi petites vues, la faire agir par des convenances morales, mais examiner comment elle agit en effet, et employer, pour la connaître, tous les rapports physiques que nous présente l'immense variété de ses productions [1]. »

Je reprends chacune de ces assertions en particulier : « Ce n'est point par des causes finales que nous pouvons juger des ouvrages de la nature : » Non, mais des causes finales par les ouvrages de la nature. « Nous ne devons pas lui prêter d'aussi petites vues : » Les causes finales, c'est-à-dire les plans combinés, les rapports suivis, les vues assorties, les fins partout prévues, les causes partout données, ne sont pas de petites vues ; « la faire agir par des convenances morales : » Dans les choses morales, il faut la faire agir par des convenances morales, et dans les choses physiques, par des convenances physiques ; « mais examiner comment elle agit en effet : » Sans doute ; « et

1. Tome V, page 106.

employer, pour la connaître, tous les rapports physiques... » Mais, s'il y a des *rapports physiques*, il y a donc aussi des *fins physiques*, des *rapports* entre les *causes* et les *fins*, des fins prévues en conséquence des causes, des causes données en prévision des fins, en un mot, des *causes finales physiques*.

Buffon dit encore : « Dire qu'il y a de la lumière parce que nous avons des yeux, qu'il y a des sons parce que nous avons des oreilles, ou dire que nous avons des oreilles et des yeux parce qu'il y a de la lumière et des sons, n'est-ce pas dire la même chose, ou plutôt que dit-on [1] ? »

Oui : dire que nous avons des yeux et des oreilles parce qu'il y a de la lumière et des sons, c'est, j'en conviens, ne rien dire ; mais, montrer que tout, dans l'œil, est admirablement disposé pour voir la lumière, comme tout, dans l'oreille, pour entendre les sons, je le demande à mon tour, est-ce là ne rien dire ?

Il y a donc des *fins physiques*, comme il y a des *fins morales* : les *causes finales* sont partout, et ces rapports assortis, suivis, que je vois partout, dans le monde physique comme dans le monde moral, me ramènent sans cesse, dans le monde physique comme dans le monde moral, à la cause

1. Tome II, page 78.

première et suprême, à la cause qui a tout produit.

IV. — Molécules organiques.

Après le mot *nature*, je ne vois rien dont Buffon ait plus abusé que des *molécules organiques*.

La nature « pourrait tout, dit Buffon, si elle pouvait anéantir et créer[1]. » Buffon pose les molécules organiques *indestructibles ;* et dès lors la nature n'a plus besoin ni de créer ni de détruire.

« L'organisation détruite, la vie éteinte... ne sont pour la nature, dit Buffon, que des formes anéanties, qui sont bientôt remplacées par d'autres formes...; la matière organique vivante survit à toute mort[2]. » — « A prendre, dit-il encore, les êtres en général, le total de la quantité de vie est toujours le même, et la mort, qui semble tout détruire, ne détruit rien de cette vie primitive et commune à toutes les espèces d'êtres organisés : comme toutes les autres puissances subordonnées et subalternes, la mort n'attaque que les individus, ne frappe que la surface, ne détruit que la forme, ne peut rien sur la matière, et ne fait aucun tort à la nature, qui n'en brille que davan-

1. Tome XII, page iv.
2. Tome IV, page 365 (*Suppléments*).

tage, qui ne lui permet pas d'anéantir les espèces, mais la laisse moissonner les individus et les détruire avec le temps pour se montrer elle-même indépendante de la mort et du temps, pour exercer à chaque instant sa puissance toujours active, manifester sa plénitude par sa fécondité, et faire de l'univers, en reproduisant, en renouvelant les êtres, un théâtre toujours rempli, un spectacle toujours nouveau[1]. »

Quel magnifique tableau ! mais suivons les idées. La mort ne détruit donc que l'individu, que la forme : au fond, la mort n'atteint pas la vie, car la vie est dans les molécules organiques[2], et, par la supposition même, les molécules organiques sont indestructibles.

Je dis *par la supposition :* et, en effet, tout, ici, n'est-il pas supposition et fiction ? Les *molécules organiques* sont une supposition ; la nature est une fiction.

Je conçois très bien que la nature, être idéal, ne puisse ni créer ni détruire ; mais Dieu, être réel, ne peut-il pas créer et détruire ? Dieu a créé, il conserve ; et par le seul fait qu'il conserve, il crée encore.

1. Tome IV, page 438.

2. Les molécules organiques « constituent la vie, et passent de moules en moules pour la perpétuer. » (Tome IV, page 338, *Suppléments*).

Descartes a dit avec un sens admirable : « De ce que un peu auparavant j'ai été, il ne s'ensuit pas que je doive maintenant être, si ce n'est qu'en ce moment quelque cause me produise et me crée, pour ainsi dire, derechef, c'est-à-dire me conserve... Une substance, pour être conservée dans tous les moments qu'elle dure, a besoin du même pouvoir et de la même action qui serait nécessaire pour la produire et la créer tout de nouveau, si elle n'était point encore; en sorte que c'est une chose que la lumière naturelle nous fait voir clairement, que la conservation et la création ne diffèrent qu'au regard de notre façon de penser, et non point en effet[1]. »

Je l'ai déjà dit : la nature, prise au sens actif, n'est qu'un mot qui me cache Dieu ; je me lasse d'une philosophie toute de fiction, je veux une philosophie réelle; et le véritable nom de la *nature*[2] est la Providence.

V. — Homo duplex.

Rien n'est plus connu, rien n'est plus souvent cité que les belles pages où Buffon peint les *deux*

1. Tome I, page 286.

2. La *nature*, prise au sens passif, est l'ensemble des choses, des êtres, des lois, des puissances établies de Dieu ; mais ce n'est pas de la nature, prise au sens passif, qu'il s'agit ici.

hommes qui se trouvent dans l'homme, l'*homo duplex,* l'homme double.

L'*homo duplex* de Buffon est, si je puis ainsi dire, le dernier mot de sa psychologie.

Nous avons vu qu'il admet deux espèces de mémoires, comme Descartes deux espèces de sensibilités[1].

Il y a donc une *sensibilité physique* et une *sensibilité intellectuelle ;* il y a la mémoire qui n'est que « le renouvellement de nos sensations, » et la mémoire qui est « la trace de nos idées[2]. »

Il y a deux espèces de passions : « les passions qui n'appartiennent qu'à l'homme[3], » et les passions qui « lui sont communes avec les animaux[4]. »

Il y a même deux espèces d'intelligences : l'intelligence qui tient à la matière, et l'intelligence qui est l'esprit, qui est l'âme ; « l'éléphant, dit Buffon, approche de l'homme par l'*intelligence,* autant au moins que la *matière* peut approcher de l'esprit[5]. »

Il y a, enfin, deux *principes actifs,* « deux puissances souveraines de la nature de l'hom-

1. Voyez ci-devant, chap. VII, page 124.
2. Voyez ci-devant, chap. VII, page 124.
3. Tome IV, page 77.
4. Tome IV, page 77.
5. Voyez ci-devant, chap. VII, page 124.

me[1], » le *principe matériel*, et le *principe spirituel*.

« L'homme intérieur, dit Buffon, est double; il est composé de deux principes différents par leur nature, et contraires par leur action. L'âme, ce principe spirituel, ce principe de toute connaissance, est toujours en opposition avec cet autre principe animal et purement matériel...[2]. »

Buffon peint, avec un art merveilleux, la lutte de ces deux principes.

« Il est aisé, en rentrant en soi-même, de reconnaître, dit-il, l'existence de ces deux principes : il y a des instants dans la vie, il y a même des heures, des jours, des saisons, où nous pouvons juger, non seulement de la certitude de leur existence, mais aussi de leur contrariété d'action. Je veux parler de ces temps d'ennui, d'indolence, de dégoût, où nous ne pouvons nous déterminer à rien, où nous voulons ce que nous ne faisons pas, et faisons ce que nous ne voulons pas[3]. »

« Si nous nous observons dans cet état, ajoute Buffon, notre *moi* nous paraîtra divisé en deux personnes, dont la première, qui représente

1. Tome IV, page 73.
2. Tome IV, page 69.
3. Tome IV, page 71.

la faculté raisonnable, blâme ce que fait la seconde...[1]. »

« C'est, dit-il encore, parce que la nature de l'homme est composée de deux principes opposés, qu'il a tant de peine à se concilier avec lui-même...[2]. »

Voilà ce que dit Buffon, et chacun sent, en soi, que le fond de tout cela est vrai; mais chacun sent aussi que Buffon place mal le siége de ses deux principes.

Les deux principes de Buffon ne sont pas dans l'intérieur de l'homme. L'*homme intérieur* n'est pas double. L'esprit est un, l'âme est une, l'*homme intérieur* est simple. Des deux principes de Buffon, l'un est extérieur, l'autre est intérieur; l'un est hors de nous, l'autre est nous; l'un est le corps, l'autre est l'âme; et, comme le dit très bien Buffon, « c'est par notre âme que nous sommes nous[3]. »

Il y a donc deux principes, mais soumis l'un à l'autre : le corps et l'esprit, le principe assujetti et le principe libre, le principe subordonné et le principe maître, le principe qui obéit et le principe qui commande : « L'âme veut et commande,

1. Tome IV, page 71.
2. Tome IV, page 77.
3. Tome IV, page 89.

le corps obéit tout autant qu'il le peut, dit Buffon lui-même[1]; » et c'est par la subordination de l'un des ces principes à l'autre[2] que se fait l'*unité* de l'homme.

Parce qu'il a deux principes, l'homme est double; mais parce que l'un des deux principes est sous la dépendance de l'autre, l'homme est un.

1. Tome II, page 435.
2. Subordination que Buffon ne voit pas assez.

CHAPITRE XV.

REVUE DES ÉDITIONS DE BUFFON.

Je ne dirai qu'un mot des *éditions* de Buffon.

On sait assez que la première de toutes, celle qui a été donnée par Buffon lui-même, l'édition in-4° de l'imprimerie royale, est encore aujourd'hui la meilleure. Elle se compose de trente-six volumes : quinze pour les *quadrupèdes*, neuf pour les *oiseaux*, cinq pour les *minéraux*, et sept pour les *suppléments* [1].

Cette belle édition parut de 1749 à 1789 [2] : monument élevé à la gloire d'un siècle, et témoignage admirable de cinquante années de grands travaux !

1. Le titre de l'ouvrage est : *Histoire naturelle générale et particulière, avec la description du cabinet du Roi*. L'imprimerie royale en a donné deux autres éditions : la première, en 73 volumes in-12 (1752 et années suivantes), n'est qu'une réimpression exacte de celle dont je parle dans le texte ; la seconde, en 28 volumes in-4 (1774 et années suivantes), manque de la partie anatomique par Daubenton, et n'a que de mauvaises gravures.

2. Buffon était mort le 16 avril 1788. Le dernier volume des *Suppléments* fut publié en 1789 par M. de Lacépède.

Je dis *cinquante années :* en effet, Buffon, nommé en 1739 intendant du Jardin du Roi, mit dix années à préparer, avec Daubenton les matériaux de ses premiers volumes. Il en parut trois en 1749 ; le quatrième est de 1753 ; les autres suivirent. Une seule interruption survint, et voici comment Buffon la déplore : « J'en étais, dit-il, au seizième volume de mon ouvrage sur l'histoire naturelle, lorsqu'une maladie grave et longue a interrompu, pendant près de deux ans, le cours de mes travaux. Cette abréviation de ma vie, déjà fort avancée, en produit une dans mes ouvrages. J'aurais pu donner, dans les deux ans que j'ai perdus, deux ou trois autres volumes de l'Histoire des oiseaux [1]. »

Buffon se faisait beaucoup aider. Toutes les descriptions anatomiques des quadrupèdes sont de Daubenton. Pour les oiseaux, Gueneau de Montbeillard et Bexon lui prêtèrent souvent leur attention, et même leur plume. Ce noble concours n'ôte rien à la grandeur de Buffon. Buffon avait plus le génie de la pensée que celui de l'observation, et la patience de l'esprit que celle des sens. Il avait besoin que l'on vît, que l'on cherchât, que l'on décrivît pour lui : il se réservait de penser et de peindre. Il a dit un mot qui nous fait bien

1. Tome III, page j (*Oiseaux*).

voir jusqu'où allait sa confiance dans la force de la pensée.

Un physicien lui parlait d'une expérience qu'il projetait sur un diamant. Je le ferai brûler dans un creuset d'or, disait-il. Le meilleur creuset, c'est l'esprit, répondit Buffon.

« La plupart des naturalistes, disait-il encore, ne font que des remarques partielles. Il vaut mieux avoir un faux système : il sert du moins à lier nos découvertes, et c'est toujours une preuve qu'on sait penser[1]. »

Quand il était satisfait d'un ouvrage, son premier éloge était dans cette expression : « Il y a de l'idée. »

Vicq-d'Azyr a dit : « Pour savoir tout ce que vaut M. de Buffon, il faut l'avoir lu tout entier[2]. » J'ajoute, ou plutôt je répète, que, pour connaître les idées de Buffon, il faut en avoir l'histoire entière.

Buffon ne pense pas de la *méthode* au milieu de son livre ce qu'il en pensait au commencement. Ses idées sur la *formation du globe* ne sont pas dans les *Époques de la nature* ce qu'elles étaient dans la *Théorie de la terre*.

1. *Nouveaux mélanges, extraits des manuscrits de madame Necker*, tome II, page 9.

2. *Éloge de Buffon* (*Discours de réception à l'Académie française*).

Nous avons eu souvent occasion de le remarquer dans cette suite d'études : nul homme n'a plus constamment travaillé ses idées ; il les élaborait sans cesse ; il mit trente ans à faire, de sa *Théorie de la terre*, ses *Époques de la nature*.

Quand on cite une opinion de Buffon, il faut donc en citer la date. Or, c'est là le premier, le grand avantage, l'avantage philosophique, si je puis ainsi dire, de l'édition dont je parle. Elle ne donne pas seulement les pensées de Buffon, elle donne les raisons mêmes de chacune de ses pensées.

Il y a, de Buffon, deux éditions absurdes, et fameuses par leur absurdité même : celle de Castel, et celle de Sonnini.

Castel mêle tout, transpose tout, met tous les discours généraux dans un seul volume, range les *histoires* de Buffon d'après le *système* de Linné, ne laisse aucune idée à sa place dans un livre où chaque idée ne s'explique que par sa place, prend une phrase dans un volume pour la porter dans un autre ; et, quand il a fait tout cela, se croit fort habile : « il est heureux, dit-il, d'avoir trouvé le remède tout préparé par l'auteur. C'est lui-même qui se corrige ; une phrase, une page, sont remplacées par celles qu'il destinait à cette fin, et son style, sans mélange, demeure dans toute sa pureté [1]. » Le style *demeure dans toute sa pureté* sans doute, puisque c'est toujours le style de Buffon ; mais que devient l'ordre des idées? Castel ne s'en inquiète guère.

Sonnini s'en inquiète beaucoup moins encore. Castel ne mêle au moins que les idées de Buffon ; Sonnini mêle les idées de Buffon avec celles de tout le monde. Dans son édition, après un article de Buffon, vient un article de Sonnini, et, après un article de Sonnini, vient un article d'un autre ; car cet honneur que Sonnini se donne d'écrire à côté de Buffon, il ne le refuse à personne.

Allamand, professeur d'histoire naturelle à l'université de Leyde, fit réimprimer, de 1766 à 1779, tout ce qui, dans la belle édition de Buffon, se rapporte aux *généralités* et aux *quadrupèdes* [2].

Allamand ne respecte pas toujours l'ordre des *chapitres ;* mais, ce qui vaut beaucoup mieux, il respecte toujours l'ordre des idées. Il rapproche, par exemple, l'histoire du chat de celle des autres animaux domestiques [3]; il réunit tous les singes

1. Édition de Buffon par Castel : *Préface de l'éditeur.*

2. 21 volumes in-4. Amsterdam.

3. Dans l'édition originale, l'histoire des animaux domestiques comprend les IVe et Ve volumes, et l'histoire du chat se trouve rejetée, faute de place sans doute, au commencement du VIe. Dans l'édition d'Allamand, tous les animaux domestiques sont réunis dans les IVe et Ve volumes : le *Discours sur les animaux sauvages* commence le VIe volume, et le commence bien ;

dans un seul volume[1]; et tout cela était dans le plan de Buffon. Buffon en avertit même, spécialement pour ce qui regarde les singes: « Nous avons été obligés, dit-il, de renvoyer au volume XV l'histoire des *sapajous* et des *sagouins*, parce que le volume XIV aurait été trop épais[2]. »

Dans l'édition primitive, les trois *discours* sur les *animaux des deux continents* ne viennent qu'après l'histoire du *lion ;* ils la précèdent dans l'édition d'Allamand. Si l'on ne consulte que la vue, que l'idée prise en soi, Allamand a raison : la loi générale semble devoir précéder la description des espèces; mais si l'on cherche l'origine de l'idée, de la vue, Allamand a tort, car c'est dans l'histoire du *lion* que cette idée commence[3].

Enfin, à mesure qu'Allamand publiait les volumes de Buffon, il y ajoutait plusieurs articles ; et ces articles étaient si bons que Buffon les reprenait

car c'est avec ce volume que commence, en effet, l'histoire des animaux sauvages.

1. Dans l'édition primitive, l'histoire des singes, partagée entre le XIVe et le XVe volume, est séparée, et comme coupée en deux, par le *Discours* sur la *dégénération des animaux*. Dans l'édition d'Allamand, tous les singes sont réunis dans le XIVe volume, et le *Discours* sur la *dégénération des animaux* commence beaucoup mieux le XVe.

2. Tome XIV, page 15.

3. On y voit même, comme je l'ai déjà dit (page 133), la raison de cette vue dans la différence que Buffon trouve entre le lion d'Afrique et le *puma* ou prétendu lion d'Amérique.

à mesure pour les placer dans ses *Suppléments*[1].

La meilleure de toutes les éditions récentes de Buffon est celle de Lamouroux[2]. C'est, d'abord, la réimpression exacte de la grande édition de Buffon; en second lieu, les *suppléments* y sont placés à la suite des chapitres auxquels ils appartiennent: les *Époques de la nature* à la suite de la *Théorie de la terre*, les *suppléments* relatifs aux quadrupèdes à la suite des *histoires des quadrupèdes;* enfin, on y a joint quelques notes utiles, particulièrement sur les quadrupèdes et les oiseaux, et, ce qui est plus utile encore, la synonymie de M. Cuvier; et tout cela est bien, mais cela est tout.

M. Cuvier avait eu le projet de donner une édition de Buffon[3]; et nous regretterons toujours qu'il ne l'ait pas donnée, car Buffon sera éternellement lu; il sera même toujours le plus lu des naturalistes et le plus influent sur l'imagination des hommes, parce qu'il a, pour influer sur les hom-

1. « J'ai reçu la belle édition qu'on a faite de mon ouvrage, et dans laquelle j'ai vu les excellentes additions que M. Allamand y a jointes... » (Tome III, page 324, *Suppléments*).

2. En 40 volumes in-8, de 1824 à 1830. Commencée par Lamouroux, et terminée par Desmarest.

3. « Il est fâcheux, dit-il dans les *Mémoires* qu'il a laissés sur sa vie, que mon projet n'ait pu se réaliser; il aurait empêché les éditions absurdes de Castel et de Sonnini, qui ont fait tant de tort à la science. »

mes, la première des puissances, celle du style.

Une bonne édition de Buffon nous manque donc encore[1]. J'appelle une *bonne édition* celle où l'on suivrait la chaîne des idées de Buffon ; où l'on rapprocherait les *suppléments* des morceaux primitifs, sans confondre les dates ; où l'on ne mêlerait rien au texte ; et où, dans des notes courtes, simples, précises, on marquerait, d'une part, toutes les erreurs de ce plus éloquent des naturalistes, et de l'autre toutes ses vues heureuses, ses idées vastes, sa grande philosophie, et tant de conceptions hardies, et presque toujours si judicieusement hardies.

Une fois que Buffon eut commencé sa grande *Histoire naturelle,* il ne permit plus à aucun travail particulier de l'en distraire. Durant cinquante ans, il n'y eut pas un seul jour de perdu pour l'étude, ni une seule étude de perdue pour le grand œuvre.

Avant ces grandes études, Buffon s'était fait connaître par quelques mémoires[2], par une expé-

1. Buffon, qui a tant remanié ses idées à mesure qu'il publiait de nouveaux volumes, n'a jamais touché aux volumes anciens, quoiqu'on les ait réimprimés plus d'une fois pendant sa vie. D'une part, il voulait conserver les origines, les dates, les nuances diverses de ses pensées ; et, de l'autre, pouvait-il ne pas respecter son style?

2. On en trouvera les titres dans le chapitre suivant.

rience savante[1], et par deux belles préfaces[2]. Et l'on peut dire que ces premiers essais l'annoncent. On voit, dans ses deux préfaces, l'homme qui sait penser, comme, dans son expérience sur les *miroirs brûlants*, on voit déjà l'homme à qui tout *paraîtra possible*[3], pourvu qu'il soit grand.

Voltaire nous a laissé une suite de *Lettres* admirables par la facilité, par la grâce, par l'élégance du style. On n'a recueilli de Buffon, comme de Montesquieu, que quelques *Lettres familières* du style le plus commun[4]. Cependant ces lettres mêmes sont curieuses. Si l'écrivain n'y est pas, l'homme y est, et avec ses deux passions les plus vives : l'amour du travail et le besoin de la gloire.

Dans ses *Lettres* à Bexon, Buffon se plaint, comme Montesquieu, de ce Paris qui laisse si peu de temps pour le travail. « Lorsque vous aurez un article de fait, lui dit-il, je vous prie de me l'envoyer ici[5], car j'aurais trop peu de temps à

1. Sur les miroirs ardents.

2. J'en ai déjà parlé. Voyez la page 9 de cet ouvrage.

3. « J'avouerai volontiers, dit-il, que le plus difficile de la chose était de la voir possible. » (Tome I, page 400, *Suppléments*).

4. Elles sont adressées à l'un de ses collaborateurs, à l'abbé Bexon.

5. A Montbar.

Paris pour m'en occuper autant que je le désirerais [1]. » Montesquieu écrivait à l'abbé Guasco, en l'invitant à venir le joindre à la Brède : « Mon grand ouvrage avance à pas de géant, depuis que je ne suis plus dissipé par les dîners et les soupers de Paris [2]. »

Buffon écrit à Bexon qu'il vient d'avoir un rhume qui l'a fort incommodé : « Cependant, ajoute-t-il, je n'en ai pas moins travaillé plus de huit heures par jour [3]. »

Après le travail, ce que Buffon aimait le plus, je l'ai déjà dit, c'était la gloire, et peut-être aussi la louange.

« Vous ne me marquez pas, écrit-il à l'abbé Bexon, si le préambule des perroquets vous a fait plaisir ; il me semble que la métaphysique de la parole y est assez bien jasée [4]. »

On est touché au milieu de toutes ces pensées de travail et de gloire, de trouver quelques paroles qui rappellent des sentiments plus doux. « J'avoue que l'inquiétude sur le retour de mon fils m'avait ôté le sommeil et la force de penser [5]. »

1. Voyez ci-après : *Lettres de Buffon à l'abbé Bexon*, lettre XV.
2. *Lettres familières.*
3. Voyez ci-après : *Lettres de Buffon à l'abbé Bexon*, lettre XV.
4. Voyez ci-après : *Lettres de Buffon à l'abbé Bexon*, lettre VI.
5. Voyez ci-après ; *Lettres de Buffon à l'abbé Bexon*, lettre XXI.

Il convient ailleurs que l'histoire des oiseaux lui paraît bien longue. « Je vous assure, mon cher abbé, que, quoique je n'aie pas, à beaucoup près, comme vous, la grande fatigue de ce travail, il me pèse néanmoins beaucoup, et que je désire autant que vous d'en être quitte, et de ne plus travailler sur des plumes [1]. »

On trouve l'expression de ce même ennui que lui causait l'histoire des oiseaux, dans un de ses volumes, mais en termes beaucoup plus nobles : « Me trouvant aujourd'hui, dit-il, dans la nécessité d'opter entre ces deux objets (l'histoire des oiseaux et celle des minéraux), j'ai préféré le dernier comme m'étant plus familier, quoique plus difficile, et comme étant plus analogue à mon goût par les belles découvertes et les grandes vues dont il est susceptible [2]. »

M. de Lacépède nous a conservé un mot de Buffon sur Daubenton, qui est aussi gracieux que juste. « Daubenton, disait-il, n'a jamais ni plus ni moins d'esprit que n'en exige le sujet qu'il traite [3]. »

De son côté, Daubenton se plaisait à dire :

1. Voyez ci-après : *Lettres de Buffon à l'abbé Bexon*, lettre XII.

2. Tome III, page j (*Oiseaux*).

3. *Discours sur la vie et les ouvrages de Daubenton*, par Lacépède.

« Sans Buffon, je n'aurais pas passé dans ce jardin cinquante ans de bonheur[1]. »

Cependant quelques nuages s'étaient élevés entre les deux amis. Buffon avait publié une édition de l'*Histoire naturelle,* où la partie anatomique ne se trouvait plus[2], et Daubenton en avait été blessé. Ces nuages se dissipèrent. « Daubenton oublia tellement, dit M. Cuvier, les petites injustices de son ancien ami, qu'il contribua depuis à plusieurs parties de l'*Histoire naturelle,* quoique son nom n'y fût plus attaché... Leur intimité se rétablit même entièrement et se conserva jusqu'à la mort de Buffon[3]. »

Daubenton avait l'esprit aussi exact que Buffon l'avait hardi. « Cent fois, dit M. Cuvier, le sourire piquant qui échappait à son ami, lorsqu'il concevait du doute, fit revenir Buffon de ses pre-

1. *Discours sur la vie et les ouvrages de Daubenton,* par Lacépède.

2. « On retrancha de cette édition, non seulement la partie anatomique, mais encore les descriptions de l'extérieur des animaux, que Daubenton avait rédigées pour la grande édition : et comme on n'y substitua rien, il en est résulté que cet ouvrage ne donne plus aucune idée de la forme, ni des couleurs, ni des caractères distinctifs des animaux : en sorte que si cette édition venait à résister seule à la faux du temps, on n'y trouverait guère plus de moyens de reconnaître les animaux dont l'auteur a voulu parler, qu'il ne s'en trouve dans Pline et dans Aristote, qui ont aussi négligé le détail des descriptions. » (Cuvier, *Éloge historique de Daubenton*).

3. *Éloge historique de Daubenton.*

mières idées; cent fois un de ces mots que cet ami savait si bien placer l'arrêta dans sa marche précipitée[1]. »

On peut croire toutefois que Daubenton, du moins pour certaines choses, allait trop loin. Il ne pardonne pas à Buffon les expressions métaphoriques les plus simples; il le blâme d'avoir présenté le lion comme le roi des animaux. « Le lion n'est pas le roi des animaux, s'écrie-t-il; il n'y a point de roi dans la nature[2]. » — « L'éloquent auteur dont il s'agit, dit-il encore..., fait le chat infidèle, faux, pervers, voleur, souple et flatteur comme les fripons. Voilà une grande opposition à la noblesse et à la magnanimité du lion, et aussi de bons moyens pour faire briller les charmes du style[3]. »

Daubenton est ici trop naturaliste. Lorsque Buffon appelle le lion *roi*, ou le chat *fripon*, personne assurément ne s'y trompe; le fait reste le fait, et Buffon y ajoute le trait qui nous intéresse. « Les animaux, dit madame Necker, semblaient être les plus éloignés de nous..., et l'art de Buffon a été de les en rapprocher sans cesse[4]. »

1. *Éloge historique de Daubenton.*
2. *Séances des écoles normales,* etc., tome I, page 291.
3. *Séances des écoles normales,* etc., tome I, page 292.
4. *Nouveaux mélanges, extraits des manuscrits de madame Necker*, tome II, page 294.

Au moment où parurent les premiers volumes du grand ouvrage de Buffon, Réaumur tenait le sceptre de l'histoire naturelle. Réaumur excellait par le don d'observer, comme Buffon par la force de la pensée. Ces deux hommes célèbres, parcourant la même carrière, se traitèrent bientôt en rivaux. Et, ce qui est curieux, c'est la nature des reproches qu'ils se font l'un à l'autre. Réaumur reproche à Buffon de trop *raisonner*, et Buffon reproche à Réaumur de trop *observer* : « On admire toujours d'autant plus, lui dit-il, qu'on observe davantage et qu'on raisonne moins [1]. »

On a beaucoup écrit sur Buffon. Voici une opinion de Montesquieu, que je ne cite que parce qu'elle est de Montesquieu. « M. de Buffon vient de publier trois volumes qui seront suivis de douze autres : les trois premiers contiennent des idées générales... M. de Buffon a, parmi les savants de ce pays-ci, un très grand nombre d'ennemis ; et la voix prépondérante des savants emportera, à ce que je crois, la balance pour bien du temps : pour moi, qui y trouve de belles choses, j'attendrai avec tranquillité et modestie la décision des savants étrangers ; je n'ai pourtant vu personne à qui je n'aie entendu dire qu'il y avait beaucoup d'utilité à le lire [2]. »

1. Tome IV, page 91.
2. *Lettres familières*. (*Lettre à Monseigneur Cerati*).

J'ai parlé, dans un autre chapitre, du petit démêlé de Buffon avec Voltaire, au sujet des *coquilles fossiles*. Ce petit démêlé s'apaisa bientôt ; et l'on peut dire que chacun des deux personnages le finit à sa manière, Buffon par cette belle phrase que nous avons vue [1], et Voltaire par un mot plaisant : « Je ne veux pas, dit-il, rester brouillé avec M. de Buffon pour des coquilles. »

Voltaire reproche au style de Buffon trop de pompe. On connait ce vers :

Dans un style ampoulé parlez-nous de physique.

Il dit ailleurs : « Ce morceau, dérobé à la poésie, semble être de Massillon ou de Fénelon, qui se permirent si souvent d'être poëtes en prose [2]. »

D'Alembert, qui presque toujours outre Voltaire, ne voulait pas qu'on lui parlât du style de Buffon : « Je ne donnerais pas, disait-il, une obole du style de M. de Buffon [3]. » Heureusement pour d'Alembert, de pareils mots ne sont pas sérieux.

Il faut convenir, d'ailleurs, qu'un homme aussi

1. Ci-devant, page 193.

2. On parlait un jour, devant lui, de l'*Histoire naturelle* : « Pas si naturelle, » dit-il.

3. *Nouveaux mélanges*, etc., de madame Necker, tome I, page 94. « D'Alembert disait un jour à Rivarol : Ne me parlez pas de votre Buffon, de ce comte de Tufflère qui, au lieu de nommer simplement le cheval, dit : *La plus noble conquête*

habitué que lui aux méthodes précises devait peu goûter les systèmes aventurés de Buffon. Les *moules intérieurs*, les *molécules organiques*, cette comète qui détache une partie du soleil, ces mers dont les courants forment les montagnes [1], etc., etc., toutes ces hypothèses, qu'on eût applaudies au temps de Descartes, venaient un siècle trop tard. Depuis Newton, la physique, d'hypothétique, était devenue expérimentale. Un esprit nouveau avait succédé à l'esprit ancien. « Newton, comme le dit si bien d'Alembert, avait montré, ce que ses prédécesseurs n'avaient fait qu'entrevoir, l'art d'introduire la géométrie dans la physique, et de former, en réunissant l'expérience au calcul, une science exacte, profonde, lumineuse et nouvelle [2]. » Tout était changé, et la méthode expérimentale était désormais la seule méthode.

Mais, comme je l'ai dit tant de fois dans cette

que l'homme ait jamais faite est celle de ce fier et fougueux animal, etc. — Oui, reprit Rivarol, c'est comme ce sot de J.-B. Rousseau, qui s'avise de dire :

> Des bords sacrés où naît l'aurore
> Aux bords enflammés du couchant,

au lieu de dire de l'*est* à l'*ouest*. » Cuvier, article Buffon (*Biographie universelle*).

1 Et les mers des Chinois sont encore étonnées
D'avoir, par leurs courants, formé les Pyrénées.
(Voltaire, *Les Systèmes.*)

2. *Éléments de philosophie* (*Physique générale*).

suite d'études, qui ne voit que les hypothèses et les systèmes de Buffon, ne voit pas Buffon. D'Alembert et Voltaire ont tort de s'arrêter là. Il y a dans Buffon deux esprits, deux philosophies, deux époques. Il y a l'esprit d'expérience et l'esprit d'hypothèse, la philosophie expérimentale et la philosophie systématique, l'époque de Descartes et l'époque de Newton. Il faut déplorer l'abus qu'il fait des systèmes, et admirer le grand ensemble de lois expérimentales et sûres dont il a enrichi la pensée des hommes.

Condorcet et Vicq-d'Azyr ont écrit chacun un *Éloge historique* de Buffon. Ces deux *Éloges,* très différents, sont tous deux très remarquables ; mais Condorcet n'était pas naturaliste, et Vicq-d'Azyr lui-même ne l'était pas assez [1]. Aussi Condorcet s'attache-t-il surtout au génie, à l'homme ; et Vicq-d'Azyr, qui voit mieux les travaux, n'y voit-il pas toujours tout ce qu'ils ont de fécond et de vaste.

Le véritable juge de Buffon est M. Cuvier. L'article de la *Biographie universelle* que Cuvier consacre à Buffon est un morceau achevé. Ce que j'y admire surtout, c'est le ton calme, c'est la vue nette, et ce style de bon sens qui plaît tant dans les grands sujets. On aime, d'ailleurs, à voir

1. Il était anatomiste et physiologiste plutôt que naturaliste.

ces deux gloires se rapprocher ; l'esprit humain en paraît plus grand ; et, pour rappeler ici la belle pensée d'un écrivain célèbre : c'est aux pieds de la statue de Cuvier qu'on voudrait prononcer l'éloge de Buffon [1].

1. « Ce serait aux pieds de la statue de Newton qu'il faudrait prononcer l'éloge de Descartes. » (Thomas, *Éloge de Descartes*).

CHAPITRE XVI.

VIE DE BUFFON.

Buffon [1] était né à Montbar (en Bourgogne) le 7 septembre 1707 ; il mourut à Paris, au Jardin du Roi, le 16 avril 1788. Il vécut ainsi quatre-vingt-un ans, dont il consacra plus de la moitié à ses grands travaux. « J'ai passé, disait-il lui-même avec une juste fierté j'ai passé cinquante ans à mon bureau [2]. »

Son père, Benjamin Leclerc, était conseiller au parlement de Bourgogne ; sa mère passe pour avoir été une femme de beaucoup d'esprit [3] ; et lui-même se plaisait à le rappeler.

1. Georges-Louis Leclerc, comte de Buffon.

2. Hérault de Séchelles, *Voyage à Montbar*, page 44.

3. « Buffon avait ce principe qu'en général les enfants tenaient de leur mère leurs qualités intellectuelles et morales ; et lorsqu'il l'avait développé dans la conversation, il en faisait sur-le-champ l'application à lui-même, en faisant un éloge pompeux de sa mère, qui avait en effet beaucoup d'esprit, des connaissances étendues, une tête très bien organisée, et dont il aimait à parler souvent. » (Hérault de Séchelles, *Voyage à Montbar*, page 24).

Né dans la patrie féconde de saint Bernard et de Bossuet, il commença par faire d'excellentes études au collége de Dijon. Bientôt après, « le hasard, dit M. Cuvier, le lia avec un Anglais de son âge (le jeune duc de Kingston), dont le gouverneur, homme instruit, lui inspira le goût des sciences. Ils voyagèrent ensemble en France et en Italie ; Buffon passa ensuite quelques mois en Angleterre [1]... »

De retour en France, il traduisit la *Statique des végétaux*, de Hales, et le *Traité des fluxions*, de Newton. Il écrivit les deux belles *préfaces* [2] qu'il mit en tête de ces deux ouvrages, et publia plusieurs mémoires sur la géométrie, sur la physique, sur l'agriculture [3] ; enfin, en 1739 [4], il fut nommé intendant du Jardin du Roi ; et dès lors commencèrent cette grande vie, ces brillants travaux, et cette gloire nouvelle de l'union de l'élo-

1. *Biographie universelle*. Article Buffon.

2. Voyez ce que j'en ai dit ci-devant, page 9.

3. Voici les titres de quelques-uns : *Expériences sur la force des bois ; Moyen facile d'augmenter la solidité, la force et la durée du bois ; Recherches sur la cause de l'excentricité des couches ligneuses* (en commun avec Duhamel), etc. ; *Observations sur les couleurs accidentelles ; Dissertation sur la cause du strabisme ou des yeux louches*, etc., etc.; *Invention des miroirs pour brûler à de grandes distances ; Réflexions sur la loi d'attraction*, etc.

4. Il entra à l'Académie des Sciences le 18 mars de cette même année 1739.

quence avec les sciences que la France ne connaissait pas encore.

Descartes avait écrit avec génie, mais avec un génie qui était plutôt celui du style philosophique que celui de l'éloquence même. Fontenelle avait porté dans les sciences toutes les ressources de la langue la plus ingénieuse et la plus fine qu'un siècle d'esprit ait jamais parlée. Buffon y porta l'éloquence. C'est une remarque qui a été faite de nos jours, et qui aurait flatté Buffon, que « le mot de grand *coloriste* était inconnu dans la langue de Bossuet et de Racine [1]. » Buffon est surtout un grand peintre; il a été nommé le *peintre de la nature;* il mérite le beau titre qu'il donne lui-même à Platon, de *peintre d'idées* [2].

Fontenelle raconte, à sa manière, toute la petite suite d'événements qui avaient fini par faire sortir la direction du Jardin des Plantes des mains des premiers médecins du roi.

« Nous avons fait en 1718, dit Fontenelle, une petite histoire du Jardin royal des Plantes. Comme la surintendance en était attachée à la place de premier médecin, et que ce qui dépend d'un seul homme dépend aussi de ses goûts, et a une desti-

1. Voyez le *Tableau de la Littérature française au dix-huitième siècle*, par M. Villemain, tome II, page 229, 2e édition.

2. « Ce philosophe est un peintre d'idées. » (Tome II, page 74).

née fort changeante, un premier médecin peu touché de la botanique avait négligé ce jardin, et heureusement l'avait assez négligé pour le laisser tomber dans un état où l'on ne pouvait plus le souffrir... Il était arrivé précisément la même chose une seconde fois, et par la même raison, en 1732, à la mort d'un autre premier médecin [1]. »

Enfin, la surintendance des premiers médecins fut supprimée ; la direction du jardin fut jugée digne d'une attention particulière, continue, et, sous le nom d'intendance, confiée, en 1732, à Dufay, savant d'un esprit étendu et flexible [2], homme actif, administrateur habile, et qui, près de mourir, se fiant à une inspiration heureuse, désigna Buffon pour son successeur.

« Il fit son testament, dit Fontenelle, dont c'était presque une partie qu'une lettre qu'il écrivit à M. de Maurepas, pour lui indiquer celui qu'il croyait le plus propre à lui succéder dans l'in-

1. *Éloge de Dufay.*

2. « Il fut si pleinement académicien, qu'outre la chimie, qui était la science dont il tirait son titre particulier, il embrassa encore les cinq autres qui composent avec elle l'objet total de l'Académie : l'anatomie, la botanique, la géométrie, l'astronomie, la mécanique... Il est jusqu'à présent le seul qui nous ait donné dans tous les six genres des Mémoires que l'Académie a jugés dignes d'être présentés au public. » (Fontenelle, *Éloge de Dufay*).

tendance du Jardin royal. Il le prenait dans l'Académie des sciences, à laquelle il souhaitait que cette place fût toujours unie ; et le choix de M. de Buffon qu'il proposait était si bon, que le roi n'en a pas voulu faire d'autre [1]. »

Buffon avait épousé, en 1762, mademoiselle de Saint-Bélin, dont les contemporains ont loué la grâce et la bonté [2]. Il en eut un fils qui fut colonel de cavalerie, et qui, à peine âgé de vingt-neuf ans, mourut sur l'échafaud révolutionnaire, quelques jours avant le 9 thermidor de l'an III.

En montant sur l'échafaud, ce fils, héritier de l'un des plus glorieux noms d'un grand siècle, prononça, dit-on, avec calme, ces admirables paroles : « *Citoyens, je me nomme Buffon.* »

On nous a conservé un mot du fils de Buffon encore enfant.

Étant tombé dans l'eau à l'âge de douze ans, on l'accusa d'avoir eu peur : « J'ai eu si peu peur, dit-il, que dût-on me donner l'espérance de vivre cent ans comme mon grand-papa, je consentirais à mourir dans l'instant, si je pouvais ajouter une année à la vie de mon père : non pas dans

1. *Éloge de Dufay.*

2. «... C'était, dit Hérault de Séchelles, une femme charmante qu'il avait épousée à cinquante-cinq ans par inclination, et dont il fut toujours adoré... » (*Voyage à Montbar*, page 34).

l'instant, dit-il en se reprenant; je demanderais un quart d'heure pour jouir du plaisir de ce que j'aurais fait[1]. »

Nous quittons à regret ce noble et infortuné jeune homme, qui ne nous est connu que par deux mots, et par deux mots pleins d'âme.

L'admiration publique n'attendit pas la mort de Buffon pour lui rendre un hommage digne de ce beau siècle, tout voué au culte de l'esprit, et qui porta Voltaire en triomphe.

Une statue lui fut élevée dans les galeries du Jardin du Roi avec cette inscription :

Majestati naturæ par ingenium[2].

Vers le même temps, son fils lui en élevait une autre plus modeste, dans ses jardins de Montbar. Je tiens peu à savoir quel fut le sentiment qu'il éprouva en voyant la première; mais ce que

1. *Nouveaux mélanges, extraits des manuscrits de madame Necker* (tome II, page 60).

2. En peignant le génie en général, Buffon peint son propre génie : « La puissance de comparer des images avec des idées, de donner des couleurs à nos pensées, de représenter et d'agrandir nos sensations, de peindre le sentiment, en un mot, de saisir vivement les circonstances et de voir nettement les rapports éloignés des objets que nous considérons... » (Tome IV, page 69).

j'aime à apprendre, c'est qu'il ne put voir la seconde « sans être attendri jusqu'aux larmes [1]. »

II. — Habitudes de travail.

Je l'ai déjà dit [2], Buffon eut deux grandes passions, celle du travail et celle de la gloire ; et il eut le bonheur que celle du travail fut la première. « Je passais, a-t-il dit lui-même, douze heures, quatorze heures à l'étude : *c'était tout mon plaisir*. En vérité, je m'y livrais bien plus que je ne m'occupais de la gloire ; la gloire vient après, si elle peut, et elle vient presque toujours [3]. »

Nommé intendant du Jardin du Roi, il partagea son temps entre ce jardin qui lui doit tant de gloire, et sa retraite de Montbar. Il passait quatre mois à Paris et huit mois à Montbar : c'est à

1. « Le comte de Buffon fils venait d'élever un monument à son père dans les jardins de Montbar. Auprès de la tour, qui est d'une grande élévation, il avait fait placer une colonne avec cette inscription :

Excelsæ turri, humilis columna.
Parenti suo, filius Buffon, 1785.

On m'a dit que le père avait été attendri jusqu'aux larmes de cet hommage. Il disait à son fils : « Mon fils, cela te fera honneur. » (Hérault de Séchelles, *Voyage à Montbar*, page 9).

2. Voyez, ci-devant, page 279.

3. Hérault de Séchelles, *Voyage à Montbar*, page 49.

Montbar qu'il a écrit sa grande *Histoire naturelle*, comme Montesquieu son *Esprit des Lois* à la *Brède*. Les deux grands ouvrages du dix-huitième siècle sont le fruit du génie qui a eu le courage de la solitude.

III. — Caractère de Buffon.

Ce qui domine dans le caractère de Buffon, c'est l'élévation, c'est la force, c'est l'amour de la grandeur et de la gloire : il aimait la magnificence en tout [1]. Sa belle figure, son air majestueux, semblaient avoir quelque rapport avec la grandeur de son génie ; et la nature ne lui avait rien refusé de tout ce qui pouvait fixer sur lui l'attention des hommes.

Rien n'est plus connu que la naïveté de son amour-propre ; il s'admirait de bonne foi, avec franchise, mais avec bonhomie. On lui demandait un jour combien il comptait de grands hommes ; il répondit « Cinq : Newton, Bacon, Leibnitz, Montesquieu et moi. » On voudrait qu'il ne se fût pas mis sur la liste ; pour moi, je le lui pardonne, car il y mettait Montesquieu.

Il a été le plus réfléchi des écrivains, et le plus

1. Il disait « qu'il ne pouvait travailler que lorsqu'il se sentait bien propre et bien arrangé. » Hérault de Séchelles, *Voyage à Montbar*, page 13.

réservé des philosophes du dix-huitième siècle ; et cependant il loue Pline de « cette hardiesse de penser, qui est le germe de la philosophie [1]. » Mais la philosophie dont il parle quand il parle ainsi, est la *philosophie abstraite*. Dans la *philosophie appliquée*, Buffon est surtout remarquable par le bon sens.

J.-J. Rousseau déclame contre la *société*, contre la *propriété*, contre les *sciences*, contre tout ce qui lie l'homme à l'homme et les peuples entre eux : Buffon laisse déclamer J.-J. Rousseau ; il nous prouve que « l'homme ne peut que par le nombre, et qu'il n'est fort que par sa réunion [2] ; » il nous montre « la propriété naissant partout du travail [3], » et « l'attachement à la patrie, des premiers actes de la propriété [4] ; » il laisse Jean-Jacques écrire contre les lettres et les cultiver avec passion ; et il nous fait voir que l'intelligence de l'homme est sa force, et « sa vraie gloire, la science [5]. »

Ce qui est la marque la plus sûre d'un esprit sain et fort, Buffon a mis de la modération en tout. La Sorbonne imagina de lui faire une petite

1. Tome I, page 48.
2. Tome XII, page xv.
3. Tome V, page 226 (*Suppléments*).
4. Tome V, page 226 (*Suppléments*).
5. Tome V, page 254 (*Suppléments*).

querelle ; il subit la petite querelle de la Sorbonne. On écrivit beaucoup contre lui, il ne répondit jamais. Dans son grand ouvrage, on trouve à peine quelques traits dictés par l'humeur, et l'on voudrait que ces traits n'y fussent pas. Quand Buffon écrit ces mots : *le peuple des naturalistes* [1], *le vulgaire savant, les écrivains qui n'ont d'autre mérite que de crier contre les systèmes* [2], etc.. etc., il oublie, et me fait oublier à moi-même, pour un moment, le grand Buffon, ce Buffon « dont la vue fut dirigée, pendant cinquante ans, vers les grands objets de la nature [3]. »

Finissons cet article par un mot de lui qui est plein de charme : « Le bonheur vient de la douceur de l'âme [4]. »

IV. — Style de Buffon.

Je ne me propose pas d'examiner ici le style de Buffon. Je n'ai voulu écrire que l'*Histoire de ses pensées*.

L'étude de son style demanderait une étude nouvelle, très différente de celle-ci, et qui ne se-

1. Tome I, page 396 (*Oiseaux*).
2. Tome II, page 346 (*Minéraux*).
3. Tome I, page 143 (*Suppléments*).
4. Tome VII, page 342 (*Oiseaux*).

rait pas moins étendue[1]; car Buffon, qui est si grand par la pensée, est plus grand encore par la parole : *Grandis est verbis*, comme dit l'orateur romain[2].

Il y a, dans le style d'un grand écrivain, le génie et l'art : l'art peut être imité plus ou moins, le génie ne peut l'être. On assure que lorsque Gueneau de Montbeillard publia, sous le nom de Buffon, ses premiers articles, on s'y méprit d'abord, c'est qu'il avait imité l'art de Buffon ; mais on ne s'y méprit pas longtemps, c'est qu'il n'avait pu imiter son génie. L'*art du style* appartient moins à l'écrivain ; le *génie du style* est l'*homme même* [3].

L'art n'est que l'extérieur du style.

Au reste, même pour cet art, pour cet *extérieur du style*, que Gueneau de Montbeillard est loin de Buffon ! Et puis, il imite ! Celui qui imite n'aura jamais de style, parce que, comme le dit Buffon, le *style est l'homme*[4]. Madame Necker remarque,

1. Cette belle étude a, d'ailleurs, été faite par un grand maître. Voyez le chapitre sur Buffon, dans le *Tableau de la littérature française au dix-huitième siècle*, par M. Villemain (tome II, page 201).

2. *Brutus, sive De claris oratoribus*.

3. « Le style est l'homme même. » (Buffon, *Discours de réception à l'Académie francaise*).

4. « On cherche en vain, disait Buffon, à imiter le style d'un grand écrivain ; on ne peut y réussir : car on n'est éloquent que

avec beaucoup d'esprit, que Buffon lui-même, lorsqu'il *s'imite*, ne réussit plus : « L'éloge du chevalier de Chastelux, composé par M. de Buffon, quand le chevalier fut reçu à l'Académie française, est, dit-elle, le seul mauvais ouvrage qu'ait fait M. de Buffon, et il est mauvais parce que M. de Buffon s'est imité lui-même ; il n'avait que des idées communes sur ce sujet, et il a voulu cependant les couvrir de son beau style[1]... »

Il y a une chose que les imitateurs de style n'imiteront jamais : c'est le génie de l'expression. Buffon dit : « Cette volonté *vive* acheva mon existence[2]; » il définit les passions désordonnées, *des abus de l'âme*[3]. Parle-t-il du travail des oiseaux qui préparent leur nid, il l'appelle un *travail chéri*[4], et vous croyez entendre La Fontaine[5]. Il dit, en parlant des fauvettes : « vives, agiles, légères et sans cesse *remuées*[6]. » Un imitateur, un écrivain ordinaire n'aurait pas dit *remuées ;* mais madame de Sévigné l'aurait dit.

par l'âme ; et mettre de l'âme dans une phrase, c'est être soi et non pas un autre. » (Madame Necker, *Nouveaux mélanges*, etc., tome I, page 135).

1. *Mélanges, extraits des manuscrits,* etc., tome II, page 264.
2. Tome III, page 370.
3. Tome IV, page 47.
4. Tome VI, page 7 (*Oiseaux*).
5. Ses œufs, ses tendres œufs, sa plus douce espérance.
6. Tome V, page 118 (*Oiseaux*).

C'est par le génie de l'expression que Buffon excelle. C'est ce génie de l'expression que d'Alembert ne sentait pas[1], et qu'admirait Jean-Jacques; et quand je lis Jean-Jacques, je ne m'étonne pas de son *hommage*[2].

Comme tous les grands écrivains, comme tous les grands penseurs, Buffon a dit ou écrit plusieurs mots qui sont devenus des maximes.

On répète tous les jours le mot que je viens de citer : *le style est l'homme même;* celui-ci : *le génie n'est qu'une plus grande aptitude à la patience*, n'est guère moins célèbre.

A soixante-dix ans, il disait encore : « J'apprends tous les jours à écrire; » et son dernier ouvrage, les *Époques de la nature*, est en effet, de tous ses admirables ouvrages, le plus parfait.

Il était très difficile sur le style des autres.

Il ne trouvait pas que Montesquieu eût un style. « Le style du président de Montesquieu! disait-il; mais Montesquieu a-t-il un style?» — « N'aurait-il pas mérité, dit Grimm à cette occa-

1. Voyez, ci-devant, page 284, la manière dont il jugeait le style de Buffon.

2. « Il est un sanctuaire où Buffon a composé presque tous ses ouvrages, le *Berceau de l'Histoire naturelle*, comme disait le prince Henri, qui voulut l'aller voir, et où J.-J. Rousseau se mit à genoux et baisa le seuil de la porte. J'en parlais à M. de Buffon : « Oui, me dit-il, Rousseau y fit un hommage. » (Hérault de Séchelles, *Voyage à Montbar*, page 13).

sion, qu'on eût osé lui répondre : Il est vrai, Montesquieu n'a que le style du génie; et vous, monsieur, vous avez le génie du style[1]. » La réponse de Grimm n'est pas bien bonne : Montesquieu avait le *style du génie* et le *génie du style*.

La conversation de Buffon était négligée : il s'y délassait; et cependant, pour peu qu'il le voulût, elle devenait singulièrement attachante. En effet, que de rapports nouveaux, que d'idées inconnues, Buffon ne devait-il pas apporter dans cette portion brillante du monde qui s'intitulait *le monde*, et où il était le seul qui sût les choses qu'il savait! « La conversation de M. de Buffon, dit madame Necker, a un attrait particulier... Il s'est occupé toute sa vie d'idées étrangères aux autres hommes, en sorte que tout ce qu'il dit a le piquant de la nouveauté[2]. »

Aux yeux de Buffon, le génie suprême était le génie du style : « La quantité des connaissances, la singularité des faits, la nouveauté même des découvertes, ne sont pas, dit-il, de sûrs garants de l'immortalité... Les ouvrages bien écrits seront les seuls qui passeront à la postérité[3]. »

1. *Correspondance littéraire*, etc., tome XIV, page 29. (Paris, 1831).
2. *Nouveaux mélanges*, etc., tome I, page 323.
3. *Discours de réception à l'Académie française.*

« Que faut-il, dit-il encore, pour émouvoir la multitude et l'entraîner? que faut-il pour ébranler la plupart même des autres hommes et les persuader? un ton véhément et pathétique, des gestes expressifs et fréquents, des paroles rapides et sonnantes Mais pour le petit nombre de ceux dont la tête est ferme, le goût délicat et le sens exquis, et qui comptent pour peu le ton, les gestes et le vain son des mots, il faut des choses, des pensées, des raisons; il faut savoir les présenter, les nuancer, les ordonner : il ne suffit pas de frapper l'oreille et d'occuper les yeux, il faut agir sur l'âme et toucher le cœur en parlant à l'esprit[1]. »

Ainsi, l'éloquence même, l'éloquence de la parole n'est pas le style. Nous ne trouvons éloquent aujourd'hui que ce qui l'est par le style. La grande influence s'est déplacée. L'art d'écrire est, de nos jours, ce que fut l'éloquence parlée dans les temps antiques; toutes les forces nouvelles de l'esprit humain se résument dans ce grand art; et, comme il appartenait à Buffon de le proclamer, la puissance des temps modernes est le style.

1. *Discours de réception à l'Académie française.*

FIN.

LETTRES DE BUFFON.

J'ai cru devoir réunir ici le peu de *Lettres* de Buffon qu'on a conservées.

On nous a bien donné les *Lettres familières* de Montesquieu.

Ceci est un nouveau côté d'un grand homme.

« J'aime les maisons, disait Montesquieu, où je puis me tirer d'affaire avec mon esprit de tous les jours. »

Il est bon de connaître l'esprit de tous les jours de Buffon et de Montesquieu.

On ne retrouve plus Buffon ni Montesquieu

dans leurs *Lettres :* la *Correspondance* de Voltaire est un monument littéraire.

Buffon n'a presque jamais le vrai ton de ce genre d'écrire : dans ses *Lettres* à l'abbé Bexon, son style est plat et vulgaire ; dans ses *Lettres* à l'impératrice de Russie, à madame de Genlis, etc., son style est emphatique et vague.

Le grand style de Buffon avait besoin de grandes pensées; il n'allait pas aux choses communes.

« M. de Buffon, dit madame Necker, ne pouvait écrire sur des sujets de peu d'importance ; quand il voulait mettre sa grande robe sur de petits objets, elle faisait des plis partout[1]. »

1. *Mélanges*, etc., tome I, page 237.

LETTRES DE BUFFON

A

L'ABBÉ BEXON.

LETTRE Ire.

Je suis très satisfait, monsieur, et même plus que content, car on ne peut se plaindre que du trop de travail qu'a dû vous coûter la composition des articles que vous m'avez envoyés ; il y a en général trop d'érudition, et vous ne voulez pas qu'en comparant ces articles avec ceux qui sont imprimés, on voie qu'on a redoublé de science mythologique et d'érudition assez inutiles à l'histoire naturelle. J'en retrancherai donc beaucoup, et j'aurai l'honneur de vous envoyer dans peu le premier cahier corrigé de ma main; cela vous servira d'exemple pour ceux de la suite; mais, je vous le répète, monsieur, je suis parfaitement satisfait, et vous pouvez continuer, attaquer la famille des hérons et suivre ensuite la classe de tous les autres oiseaux de marais. Vous en avez pour du temps, et je trouve que vous en avez beaucoup fait pour le peu de semaines que vous y avez employées. Tâchez, monsieur, de faire toutes vos descriptions d'après les oiseaux mêmes; cela est essentiel pour la précision. Je sais bon gré à M. Daubenton le jeune de vous donner toutes les facilités nécessaires. Recevez les assurances des sentiments de toute l'estime et de tout l'attachement avec lesquels j'ai l'honneur d'être, monsieur, votre très-humble et très-obéissant serviteur.

Montbar, ce 27 juillet 1777.

LETTRE IIe.

M. de Buffon fait ses compliments à monsieur l'abbé Bexon, et le prie de ne venir que dimanche, parce que demain, samedi, il ne pourrait le recevoir. Monsieur l'abbé Bexon en aura d'autant plus de temps pour arranger les fauvettes.

Au Jardin du Roi, ce 5 décembre 1777.

LETTRE IIIe.

Je vous envoie, mon très cher abbé, la copie de tous les articles sur les pics et martins-pêcheurs, tirée des extraits. J'ai vérifié que l'*Histoire générale des voyages* n'a été extraite que jusque et compris le sixième volume; ainsi vous pouvez commencer votre travail à la Bibliothèque du Roi, en commençant par le septième volume, cela nous sera très utile; mais il faut vous borner à extraire seulement les articles qui ont rapport aux oiseaux qui nous restent à donner, et dont je crois vous avoir laissé la liste, en commençant par les perroquets, qui doivent être à la tête du sixième volume. Je vous envoie ci-joint le travail que j'ai fait sur cette famille si nombreuse d'oiseaux, et je vous prie, mon cher monsieur, de vous en occuper de préférence lorsque vous serez quitte des pics et des martins-pêcheurs.

Vous voudrez bien suivre ma distribution et ma méthode pour les perroquets; je les divise d'abord en deux grandes classes : ceux de l'ancien continent et ceux du nouveau monde ; dans la première classe je place : 1° les kakatoës, sur lesquels vous trouverez un petit cahier de six pages ;

2° Les perroquets proprement dits, sur lesquels je n'ai encore rien recueilli, et que vous travaillerez tout à neuf ;

3° Les loris, sur lesquels je vous envoie un cahier de six pages.

Dans la classe du nouveau continent, les premiers sont : 1° les aras, sur lesquels vous trouverez environ vingt-quatre pages d'écriture ;

2° Les amazones, un cahier de vingt-huit pages ;

3° Les papegais, huit pages. J'y joins un cahier de notes intitulé : les perroquets, et qui a treize pages.

Ensuite viennent les perruches, dont il faut faire un traité séparé, et qui doit suivre celui des perroquets, en distinguant, autant qu'il est possible, les perruches de l'ancien continent de celles du nouveau, et aussi celles qui, dans chaque continent, sont à queue longue ou à queue courte, à queue étagée ou non étagée, etc. Vous trouverez sur cela trois cahiers, l'un de vingt-deux, le second de huit, et le troisième de vingt et une pages.

Voilà une bien longue et bien ennuyeuse besogne, dont néanmoins nous sommes plus pressés que d'aucune autre, et je vous serai très obligé de ne vous occuper des oiseaux de rivage que quand vous aurez épuisé nos perroquets. Je vous enverrai dans huitaine la copie de tous les extraits qui ont rapport aux perroquets, et qui ne laissent pas d'être considérables ; ce travail me fait peur pour vous aussi bien que pour moi, car je suis persuadé que nous ne nous en tirerons pas à moins de cent trente pages d'écriture ; je travaille au préambule, qui sera court, et qui ne contiendra que les qualités particulières et les rapports qui distinguent ces oiseaux de tous les autres, et qui leur donnent, par la faculté d'imiter la parole, quelque relation avec cette faculté de l'homme. S'il vous vient quelques idées sur la nature en général de ces oiseaux, vous me ferez plaisir aussi de me les communiquer; surtout ne vous pressez pas, mon très cher abbé, ménagez vos petites entrailles, et ne vous excédez sur rien, pas même sur le désir de m'obliger. Je compte que vous en avez ici pour plus de deux mois; mais lorsque cet article sera achevé, j'aurai plus de trois cents pages pour l'impression, car tous les articles suivants sont faits jusqu'aux hérons, et il ne faut songer à ces hérons qu'après les perroquets. Le cinquième volume ne laisse pas d'avancer. M. Mandonnet doit vous envoyer une épreuve pour rectifier un passage italien d'Oliva, qui a été mal copié et que je n'ai pu vérifier ici, ayant prêté ce livre à M. de Montbeillard. Je vous prie de corriger les fautes qui se trouvent dans ce passage.

J'ai reçu vos notes et celles de M. Daubenton sur les barbus, et j'en fais usage.

Toutes les personnes qui ont entendu lire la belle ode de M. Le Brun s'accordent à l'admirer; mais toutes conviennent aussi qu'elle est un peu trop longue, et qu'il y a trois ou quatre strophes moins belles que les autres qu'on pourrait en retrancher. Je n'ai pas besoin de vous avertir, mon cher monsieur, de ne faire usage de cet avis qu'avec le plus grand ménagement; c'est pour la plus grande gloire de l'auteur que nous parlons ici. Je vous renouvelle, avec le plus grand plaisir, les sentiments d'estime et du véritable attachement avec lesquels j'ai l'honneur d'être, monsieur, votre très humble et très obéissant serviteur.

Montbar, ce 5 février 1778.

LETTRE IVe.

Je viens, mon très cher abbé, de revoir nos calaos, sur lesquels vous avez fait un travail méthodique dont je suis parfaitement content. J'ai écrit un billet à M. Daubenton le jeune, pour qu'il ait à nommer calao du Malabar, et non pas calao des Philippines, celui que nous avons vu vivant. Je le prie aussi de faire une planche enluminée des quatre becs du calao rhinocéros, du calao à casque rond, du calao des Philippines et du calao d'Afrique, et au moyen de cette représentation de bec, tout deviendra plus clair.

Vous comptez onze espèces de calaos; je les réduis à dix, parce que le calao à bec rouge du Sénégal, qui est le vrai tock, dont j'avais fait la description à part, est le même oiseau que le calao à bec noir du Sénégal; celui-ci est l'oiseau jeune, et l'autre à bec rouge est l'oiseau adulte. Ce fait m'a été assuré par M. Sonnini, qui m'a dit avoir élevé de ces oiseaux au Sénégal; mais comme vous avez observé un rudiment d'excroissance sur le bec noir que vous n'avez pas vu sur le bec rouge, il se pourrait que ce fût ce même bec noir qui fût l'oiseau adulte, et le bec rouge l'oiseau jeune : ceci n'est qu'un doute qui peut-être même n'est pas fondé; car il y a des oiseaux, tels que les pigeons, qui ont de petites protubérances sur le bec quand ils sont jeunes, et qui s'effacent en vieillissant. Il se pourrait donc en effet que le calao à bec noir fût le jeune, et l'autre l'adulte. Quoi qu'il en soit, il me paraît certain que tous deux ne font que le même oiseau.

Une seconde observation, c'est que le calao décrit par Petiver, d'après Kamel, dans les *Transactions philoso-*

phiques, n'est pas le même que notre calao des Philippines; c'en est une espèce voisine, ou du moins une variété; vous n'aurez, pour en être assuré, qu'à comparer la description de tous deux. Je vous enverrai l'article entier de ces oiseaux dès qu'il sera copié.

Je vous remercie aussi de la bonne note que vous m'avez donnée sur le joli touraco; au reste, vous verrez par l'ébauche de ce travail qu'il y aura encore beaucoup à retoucher, et j'attendrai vos réflexions et vos observations pour l'achever. Le préambule même n'est pas encore, à beaucoup près, comme je le désirerais. J'ai interposé les descriptions du calao à casque rond, du calao d'Abyssinie, etc.

Je viens de recevoir une lettre de M. Le Brun, avec son ode sur la campagne d'Italie du prince de Conti; il y a de très belles strophes et de magnifiques images; mais en tout cette ode n'est pas aussi sublime que celle qu'il m'a adressée : on y reconnaît néanmoins le pinceau du génie dans plusieurs endroits. J'aurai l'honneur de lui répondre dès que j'aurai quelques moments de loisir; mais actuellement les ouvriers des bâtiments et des travaux de mes forges m'occupent prodigieusement : j'ai bien de la peine à dérober quelques heures pour nos oiseaux.

Je suis très fâché qu'on ait si mal servi la Bibliothèque du Roi, et je tâcherai, à mon retour, de lui procurer un meilleur exemplaire de mes ouvrages. Vous ferez mes compliments à M. Le Brun, ainsi qu'à M. l'abbé Desaunais. Vous ferez mes hommages très sincères à madame votre mère et à mademoiselle votre sœur, et j'espère que vous ne douterez jamais de tous les sentiments d'amitié avec lesquels j'ai l'honneur d'être, mon cher monsieur, votre très humble et très obéissant serviteur.

Montbar, ce 11 février 1778.

N. B. Vous trouverez ci-joint tout ce que j'ai pu recueillir sur les perroquets.

Vous pourriez peut-être me dire, mon cher abbé, ce que c'est qu'un M. Champlain de la Blancherie, qui se dit à la tête d'une société littéraire, et qui demeure à l'ancien collége de Bayeux, rue de la Harpe : il m'a écrit une grande épître, comme si tous les gens de lettres devaient s'intéresser à son entreprise, qui se réduit à une espèce de journal, sous le titre de *Nouvelles de la République des Lettres*. Je crois que tout cela n'est écrit que pour avoir des souscriptions, et je suis étonné que notre ami Panckoucke ne s'oppose pas à tous ces nouveaux journaux qui font du tort au sien.

LETTRE Ve.

Vous travaillez tant et si bien, mon très cher abbé, que je dois par tous moyens vous en marquer ma reconnaissance. Je vous prie donc d'accepter six cents livres que Lucas vous portera dans douze ou quinze jours, et vous m'en enverrez un reçu motivé comme les précédents, pour votre travail sur l'histoire naturelle jusqu'au 1er juillet prochain : je serais charmé que cette petite augmentation pût vous faire jouir plus longtemps de la présence de votre chère maman et de votre très aimable sœur.

Je viens de recevoir les pics, et il ne reste que les martins-pêcheurs pour compléter ma partie du cinquième volume ; M. Gueneau fera le reste, et, je crois, ne fera rien de plus. Le sixième volume commencera par les perroquets, dont je vous envoie ci-joint le préambule, d'après lequel vous pourrez diriger vos vues particulières. Je vais travailler l'article des pics, dont je n'ai lu que le premier article, qui me paraît très bien, et j'attendrai celui des martins-pêcheurs pour voir tout le parti qu'on peut tirer de ces sujets comparés. Je vous embrasse, mon très cher monsieur, un peu à la hâte, car la poste presse.

Montbar, ce 3 mars 1778.

LETTRE VIe.

Je vous envoie, mon très cher abbé, toutes mes notes sur les hérons, les courlis et ibis, les spatules, le pélican, le cygne, et une petite note sur le martin-pêcheur; et comme ce paquet était assez gros, je vous enverrai une autre fois les oiseaux guerriers, car je crois que ce sont les mêmes que ceux que vous appelez oiseaux combattants; je joindrai à ce second envoi les notes sur les cigognes, la demoiselle de Numidie, le jabiru, l'oiseau royal; mais je ne conçois pas comment vous avez pu achever les perroquets en aussi peu de temps, et je vous prie d'en bien vérifier les descriptions avant de me les envoyer, car je n'en suis point pressé; vous me ferez plaisir au contraire de m'envoyer tout de suite l'article des martins-pêcheurs; car, comme ils doivent aller avec les pics, et que j'ai un arrangement à prendre avec M. Gueneau pour les articles qui doivent entrer dans le cinquième volume, il est nécessaire que je sache combien cet article des martins-pêcheurs contiendra de pages, et je vous serai obligé de me l'écrire tout de suite. Vous ne me marquez pas si le préambule des perroquets vous a fait plaisir; il me semble que la métaphysique de la parole y est assez bien jasée : au reste, vous me faites trop de remercîments, et quoique je sois très sensible à la reconnaissance que vous avez la bonté de me marquer, je vous prie de croire que je n'avais pas besoin de nouvelles protestations pour être assuré de votre amitié. Je compte aussi sur celle de votre chère maman et de votre charmante sœur, et comme vous ne parlez pas de leur départ, j'ai quelque espérance de les retrouver à mon retour, qui cependant ne sera guère que vers le 15 de mai. Faites-leur mes compliments très humbles, mon cher monsieur, et soyez sûr de tous les sentiments d'estime et d'amitié avec lesquels j'ai l'honneur d'être votre très humble et très obéissant serviteur.

Montbar, ce 30 mars 1778.

LETTRE VIIe.

Vous devez avoir reçu, mon cher monsieur, les notes que j'avais recueillies sur les oiseaux-mouches et colibris; il y a quatre ou cinq jours que je les ai adressées par la poste à Lucas. Je viens aussi de remettre à un homme qui part aujourd'hui pour Paris un paquet à votre adresse, où vous trouverez les notes que vous m'avez demandées au sujet des oiseaux d'eau, sur lesquels vous avez travaillé ; et ce paquet vous sera aussi remis par le sieur Lucas, qui le recevra dans le courant de cette semaine.

Je suis très content de tout votre travail, tant sur les perroquets que sur les martins-pêcheurs; j'ai cru devoir changer quelque chose à l'ordre de distribution des perroquets, et ne point mêler ceux de l'ancien continent avec ceux du nouveau; j'ai aussi un peu augmenté le préambule, et voici mon ordre de distribution ;

Les perroquets de l'ancien continent.

1° Les kakatoës; 2° les perroquets proprement dits; 3° les loris, qui finissent par les loris-perruches ou loris à longue queue; 4° les perroquets à longue queue également étagée; 5° les perruches à longue queue inégale; 6° les perruches à courte queue.

Les perroquets du nouveau continent.

1° Les aras; 2° les amazones; 3° les criks; 4° les papegais; 5° les perruches à longue queue et égale (j'ai appelé perriches celles de l'Amérique pour les distinguer des perruches de l'ancien continent, et ce nom, perriche, est assez en usage); 6° les perriches à longue queue inégale; 7° les perriches à queue courte.

Par cette distribution, l'énumération du grand nombre de ces oiseaux devient très claire, et on en saisit aisément les différences.

Je vais faire à peu près la même chose sur les martins-pêcheurs, en séparant ceux de l'ancien continent de ceux de l'Amérique, et en les divisant en grands, moyens et petits, comme vous l'avez fait.

Au reste ces derniers oiseaux, qui naturellement devraient être mis après les pics, en ne considérant que la forme du bec, ne laissent pas d'en différer par tant d'autres caractères, qu'on ne risque rien de les en éloigner et de les placer ailleurs, et peut-être après les hirondelles-martinets, d'où leur est venu le nom de martinets-pêcheurs ou martins-pêcheurs.

Je crois, mon cher monsieur, qu'on vous remet, de l'imprimerie royale, les feuilles à mesure qu'on les imprime, car j'ai vu plusieurs corrections de votre main sur les nomenclatures. J'ai écrit à M. Mandonnet que c'était par inadvertance que l'on a mis l'article des todiers entre celui du pitpit et celui du pouillot, et je le prie de me renvoyer cet article des todiers, qui doit aller après celui des martins-pêcheurs.

Mais notre cinquième volume a déjà trois cent cinquante pages d'imprimées, y compris l'article des demi-fins de M. Gueneau de Montbeillard, et il ne peut contenir que les articles suivants : 1° le pitpit, 2° le pouillot, 3° le troglodyte, 4° le roitelet, 5° les mésanges, 6° le torchepot, 7° les grimpereaux, 8° les pics et les pics-grimpereaux ; ainsi les martins-pêcheurs sont nécessairement rejetés au sixième volume. Vous avez raison de dire qu'on peut vraiment se plaindre de la fécondité de la nature en même temps qu'on l'admire ; vous avez mille occasions d'employer cette jolie phrase, qui est d'ailleurs de toute vérité.

Je vous remercie, mon cher monsieur, du surcroît de travail que vous m'avez envoyé au sujet des nids du Tonquin et des ours marins ; ce dernier article me servira pour mon volume de supplément aux quadrupèdes, et je ne serais pas d'avis de renvoyer le premier à l'article des hirondelles, parce que nous ne savons pas quelle espèce d'hirondelle fait ce nid ; il y a même plus d'apparence que c'est un martin-pêcheur, puisque vous avez si bien établi que l'alcyon est le même oiseau, et par conséquent les notices que vous avez déjà recueillies sur ce nid, et celles que vous trouverez dans le petit paquet que je joins ici, pourront faire un article intéressant à la suite de nos martins-pêcheurs, et lorsque j'aurai revu cet article, je vous en enverrai la copie corrigée, à laquelle vous retrancherez, ajouterez ou changerez ce que vous jugerez nécessaire. Recevez les assurances de ma tendre amitié, et mes respectueux hommages pour votre bonne et chère maman et pour votre aimable sœur.

Montbar, ce 27 avril 1778.

LETTRE VIIIe.

Je suis enchanté, monsieur le prieur, de la bonne nouvelle et de ce petit titre, en attendant un plus grand; car, quoique sans ambition, vous avez le mérite qu'il faut pour en obtenir les fruits, et tous ceux qui vous connaîtront ne peuvent manquer de s'intéresser à votre avancement. Je vois que le petit surcroît de fortune, loin de diminuer votre activité pour le travail, semble au contraire l'augmenter, et je le trouverais bon si je ne craignais pour votre santé. M. Panckoucke, qui vous est sincèrement attaché, le craint aussi bien que moi; ainsi, par grâce d'amitié, prenez du relâche, et au lieu de finir nos oiseaux en six mois ou un an, prenez dix-huit mois ou deux ans, et je serai encore plus que satisfait. Lucas vous remettra mes notes sur les bécasses, les pluviers, les vanneaux, la poule-sultane et le messager; je vous apporterai aussi, puisque vous le désirez, tous les autres papiers qui ont rapport aux oiseaux d'eau. Je n'ai que la dixième édition de Linnæus, et c'est celle qu'il faudra toujours citer, d'autant que les réformes ou additions qu'il a fait faire sont fort indifférentes. Je ne connais pas l'*Essai de l'Histoire naturelle de la Guyane*, en anglais; il faudra prier M. Panckoucke de le faire venir pour mon compte.

Vous auriez dû, mon cher prieur, me marquer le nom de la personne de Dijon à laquelle vous avez écrit au sujet de la feuille du 7 avril dernier; j'ignore comme vous le motif de la demande mentionnée dans cette feuille, et c'est peut-être les gens qui travaillent à une *Histoire de Bourgogne* qui ont besoin de ces éclaircissements sur votre famille. Je vais en écrire à M. Frantin, imprimeur de ces feuilles, et à M. Mailly, qui en est l'auteur, et par lesquels seuls nous pouvons être instruits.

Envoyez-moi toujours vos oiseaux-mouches et colibris; j'aurai le temps de les recevoir et d'y travailler avant mon départ: car je ne suis pas sûr de pouvoir partir avant le 7 ou le 8 du mois prochain. Je vous embrasse et fais mille tendres respects à vos dames.

Montbar, ce 21 mai 1778.

LETTRE IXe.

J'ai reçu, mon cher monsieur, votre premier et second paquet; et comme notre carte est ce qu'il y a de plus pressé, je vous la renvoie avec mes observations : 1° Il faut que la calotte de glace solide, qui s'étend depuis le pôle jusqu'aux glaces flottantes, soit marquée de hachures d'autant plus noires qu'on approche plus près du pôle; ce qui représentera la vaste étendue de cette portion du globe envahie par les glaces. Je l'ai donc fait ombrer au crayon sur l'épreuve de la carte que je vous renvoie.

2° Il faut marquer sur cette carte les glaces flottantes trouvées par le capitaine Bouvet aux 48e et 49e degrés de latitude, et qui ne sont pas représentées; et comme ces glaces flottantes sont situées sous les 48, 49, 50 et

51e degrés de latitude, et en longitude, de 15 à 30 degrés du cap de Bonne-Espérance, cette partie de la carte serait défectueuse, et ne répondrait pas à l'explication que j'en donne; ainsi il est absolument nécessaire d'y marquer toutes ces glaces flottantes qui sont vis-à-vis le cap de Bonne-Espérance, et qui se trouvent sous la latitude de 48, 49, 50 et 51 degrés dans l'étendue de 15 degrés de longitude, c'est-à-dire depuis le 15e au 30e du méridien de Londres à l'Est, qu'il sera aisé de réduire au méridien de Paris.

3° J'ai fait marquer à l'encre quelques îles de glaces flottantes au 49e degré de latitude sous les 55 et 60e de longitude Est, parce qu'on n'avait marqué les glaces flottantes que jusqu'au 50e degré.

4° J'en ai fait de même marquer plus qu'il n'y en avait sur la carte au 58e degré de latitude, et sous la longitude de 80 à 90e degré Est, et jusqu'au 15e de longitude Est.

5° Il faut marquer par une gravure plus forte les terres de Sandwich et de l'île de Georgie, sous les latitudes de 55 à 59 degrés, découvertes par Cook : je dis qu'il faut que cette gravure soit plus forte, afin que l'on distingue ces terres d'avec les glaces, et il faudra aussi les indiquer par leurs noms ainsi que toutes les autres terres.

6° J'ai aussi augmenté le nombre des glaces flottantes qui se trouvent sous le 59e degré à 9 ou 10 degrés de longitude Ouest, ainsi que celles qui se trouvent à peu près sous le même parallèle depuis le 60e jusqu'au 80e de longitude Ouest, et jusqu'au 180e; en sorte que la carte sera beaucoup moins imparfaite après ces corrections, auxquelles je vous prie de ne pas perdre de temps, afin de pouvoir m'en envoyer promptement une épreuve.

Je sens, mon cher monsieur, combien cela vous détourne, et en même temps j'admire que vous ayez encore le temps de faire des oiseaux. M. de Montbeillard a voulu terminer le cinquième volume aux grimpereaux, et il est en effet assez gros, car il contient cinq cent quarante-six pages, et il y en aura peut-être trente-quatre de table des matières, à laquelle je travaille actuellement; cela fera donc cinq cent quatre-vingts pages avec vingt-neuf planches; ainsi ce volume sera plus gros qu'aucun des précédents.

Nos jolis oiseaux-mouches vont donc commencer le sixième volume; et comme les perroquets doivent suivre immédiatement, je vous les enverrai dans huit ou dix jours, afin que vous les lisiez attentivement avant de les livrer à l'impression. Je vous adresserai ce paquet, qui sera gros, par la diligence, ou plutôt je l'adresserai à Lucas, qui vous le remettra, et j'y joindrai une vingtaine de dessins d'oiseaux qu'il faudra donner à M. Desève pour les faire graver; car ces gravures doivent entrer dans le sixième volume, et quelques-unes dans le cinquième.

Je lirai avec grand plaisir votre article du vanneau, et j'ai revu ces jours-ci ceux de la cigogne et de la grue avec satisfaction.

Je vous renvoie ci-joint votre cahier d'extraits des voyageurs, dont j'ai fait usage comme vous verrez par la copie ci-jointe de l'explication de la carte géographique; je vous prie de lire cette explication avec attention, dans laquelle vous changerez les longitudes par la différence du méridien de Londres à celui de Paris; je vous prie aussi d'y faire telles additions et corrections que vous jugerez à propos, après quoi vous voudrez bien me la renvoyer, car je ne veux la livrer à l'impression qu'après la carte, tant australe que boréale, entièrement achevée.

Je suis enchanté que vous soyez content de votre nouveau logement ; mille tendres respects à vos dames.

Montbar, ce 3 août 1778.

P. S. Faites, je vous prie, mes compliments à M. Daubenton le jeune, en lui disant qu'il me fera plaisir de vous donner une demi-douzaine de colibris et oiseaux-mouches bien équipés, et même d'autres bijoux, si vous en voulez, en échange de vos beaux cailloux des Vosges. MM. Bleneau et Trécourt vous remercient de votre souvenir.

LETTRE X^e^.

Je vous prie, ma charmante enfant, de faire ma paix avec le méchant abbé, qui me gronde de ce que je ne lui écris pas, tandis que j'ai mille fois plus de tort avec vous, mademoiselle, et que vous êtes assez bonne pour ne pas vous en plaindre. Vous verrez combien je vous en sais de gré lorsque je serai de retour, et je compte que ce sera avant la fin de ce mois. Mille tendres respects à votre chère maman, et mille amitiés, avec ces paperasses, à notre cher abbé, en attendant que j'aie l'honneur de lui écrire.

Montbar, ce 1er octobre 1778.

LETTRE XIe.

Voilà, mon très cher abbé, les feuilles C et D de notre septième volume. J'ai renvoyé les deux précédentes par l'ordinaire dernier à l'adresse du sieur Lucas, que je charge de les remettre à l'imprimerie royale. Vous ferez bien, mon cher ami, d'exhorter M. Mandonnet, en lui faisant mes compliments, pour tâcher de regagner le temps assez long qu'on a perdu. Je vous envoie en même temps votre article du grèbe et du castagneux, qui a dû, en effet, vous coûter beaucoup de recherches et de discussions; mais, encore un coup, mon très cher abbé, nous sommes bien en avance vis-à-vis de l'impression; par conséquent, n'en prenez qu'à votre aise; car je ne cesserai de craindre pour votre santé que quand je vous verrai moins ardent pour le travail. Et qu'importe que les oiseaux soient achevés cette année ou six mois plus tard, cela m'est bien égal; je conçois que cet ouvrage doit fort vous ennuyer, et c'est pour cela qu'il faut le couper, en allant tantôt auprès de la belle comtesse, tantôt auprès du bon marquis, et plus souvent encore auprès de mon frère et de mon fils : au reste, je vois avec le plus grand plaisir que votre ouvrage ne se sent point du tout de la précipitation avec laquelle vous voudriez l'achever; tout m'y paraît exact, et même scrupuleusement vu. Comme j'ai les yeux très fatigués, je ne relis pas les nomenclatures, et je vous prie d'y donner une double attention.

Je suis maintenant très décidé à ne faire aucune réponse au sujet du manuscrit Boulanger; je n'ai jamais lu moi-même ce manuscrit : c'est Trécourt qui m'en a lu quelques endroits, et qui m'a fait l'extrait de ce qui regardait le cours de la Marne, dont je vous ai remis à vous-même la petite carte. Voilà tout ce que j'ai tiré de ce manuscrit, que je connaissais d'avance par la lettre que Boulanger m'avait écrite en 1750; en sorte qu'ayant alors jeté cette lettre, j'ai de même jeté le manuscrit comme papier très inutile : mais je vois qu'il n'est pas nécessaire d'en convenir aujourd'hui; il vaut mieux laisser ces mauvaises gens dans l'incertitude, et comme je garderai un silence absolu, nous aurons le plaisir de voir leurs manœuvres à découvert. Je viens de lire l'extrait de mon ouvrage dans le n° 18 du même journal Grosier; il est clair que c'est un guet-apens et un piége qu'on a voulu me tendre, en voulant me forcer de répondre à la lettre Gobet, parce que le journaliste, dont l'extrait est pitoyable et de mauvaise foi, s'est bien douté que je ne répondrais pas à sa critique, mais que je serais obligé de paraître pour me défendre de la calomnie. Le seul fait d'avoir lu publiquement à l'Académie de Dijon, en 1772, le premier Discours des *Epoques*, qui en renferme tout le plan, suffit pour confondre les calomniateurs, puisque le manuscrit Boulanger ne m'a été remis que trois ans après; et voilà ce que peuvent dire mes amis avec d'autant plus d'assurance, qu'il en a été fait mention lors de la lecture, dans les feuilles hebdomadaires de Bourgogne, imprimées à Dijon. Il faut donc laisser la calomnie retomber sur elle-même, et je suis très aise que vous en pensiez ainsi.

Faites mille tendresses de ma part à votre très respectable mère et à votre tout aimable sœur. J'ai eu le plaisir de parler d'elles et de vous avec M. et madame de Genouilly, qui sont venus dîner hier ici; ils vous aiment beaucoup tous deux, parce qu'ils vous connaissent bien tous deux; et moi aussi, mon très cher abbé, je vous aime d'autant mieux que je vous connais davantage.

Montbar, ce 8 août 1779.

LETTRE XIIe.

Voilà le cormoran que je vous envoie, mon très cher monsieur, avec les premières corrections, car j'en ai fait de plus grandes sur la seconde copie; mais en tout il est bien, et il n'a pas laissé de vous coûter beaucoup de temps pour les recherches.

Je vous ai dit par ma dernière que je m'étais fort occupé à relire tous nos articles du huitième volume. Je compte que tout ce qui est fait, jusque et compris le cormoran, fera au moins trois cent trente pages d'impression, à quoi ajoutant quarante pages, tant pour la table des matières que pour celle des chapitres, cela fait déjà trois cent soixante-dix pages pour ce volume, qui, d'ailleurs, contiendra vingt-neuf planches; il ne nous faut donc plus qu'environ deux cents ou deux cent vingt pages au plus pour achever ce huitième volume; et voici l'ordre dans lequel je désirerais que vous eussiez la bonté d'en préparer le travail.

Après le cormoran, nous pouvons placer les fous et les frégates, dont il y a sept espèces dans Brisson; les paille-en-cul ou oiseaux des tropiques, trois espèces; l'anhinga, une espèce; le bec-en-ciseaux, une espèce; les hirondelles de mer, sept espèces; et enfin les goëlands et les mouettes, quinze espèces, avec les plongeons, six espèces. J'imagine que ces articles sont suffisants pour achever ce huitième volume, et s'ils excédaient les deux cent vingt pages, nous pourrions en ôter les plongeons.

Je fais cet arrangement dans la vue de commencer le neuvième volume par le bel article du cygne, en le continuant par les oies, les canards, souchets, morillons, sarcelles, etc., et de là passant aux pétrels, puffins, albatros, pingouins, etc., et finissant par le manchot, qui, de tous les oiseaux, l'est le moins. Vous me direz que ce restant d'oiseaux, que je destine à commencer le neuvième volume, n'en fera que le tiers ou peut-être le quart, c'est-à-dire cent cinquante ou deux cents pages; mais nous y joindrons les articles de suppléments, qui en feront du moins autant, et ensuite la correspondance des noms, qu'il faudra prendre en faisant le dépouillement de tout l'ouvrage, depuis le premier volume jusqu'au neuvième, ce qui seul fera plus de cent pages, et cent trente y compris la table des matières; en sorte que ce neuvième volume sera tout aussi gros que les autres.

Ainsi vous avez le temps de bien peigner votre beau cygne, et je ne vous conseille pas de vous en occuper, non plus que des oies, des canards et des autres oiseaux estropiés qui doivent entrer dans ce neuvième volume, et vous attacher actuellement à ceux qui doivent terminer le huitième.

M. de Montbeillard m'écrit aujourd'hui qu'il m'enverra dans huit jours la table entièrement faite du sixième volume, et je vous la ferai passer tout de suite pour la remettre à l'imprimerie royale, parce que je vois qu'ils sont bientôt au bout de leur copie, qui finit à l'article du cincle, et que la table du sixième volume doit être imprimée la première après cet article qui fait la fin du septième volume. J'ai aussi beaucoup avancé la table de ce septième volume, parce que je la continue sur les épreuves à mesure qu'elles m'arrivent; mais il faudrait m'envoyer incessamment sept bonnes feuilles qui me manquent, et qui doivent être actuellement tirées, depuis la page 360 jusqu'à la page 416. C'est la seule chose qui me manque pour que cette table puisse être complétement achevée.

Je vous assure, mon cher abbé, que quoique je n'aie pas, à beaucoup près, comme vous, la grande fatigue de ce travail, il me pèse néanmoins beaucoup, et que je désire autant que vous d'en être quitte, et de ne plus travailler sur des plumes. Adieu, je vous embrasse, ainsi que vos bonnes et aimables bonnes.

Montbar, ce 24 décembre 1779.

LETTRE XIIIe.

J'ai reçu, mon très cher monsieur, votre lettre du 14 de ce mois, et je désirerais bien que votre santé fût meilleure. M. Panckoucke, qui vient de passer un jour ici, m'a dit que votre rhume continuait, et j'en suis inquiet. Vous me ferez donc grand plaisir de m'en écrire un mot. Je vous conseillerais même de cesser tout travail; j'ai presque été obligé de discontinuer le mien pour un seul accès de fièvre : ainsi ménagez-vous, je vous en prie; nous aurons toujours de quoi occuper l'imprimerie royale. Je vous envoie ci-joint l'avertissement qui doit être mis à la tête de notre septième volume des oiseaux : je crois que vous serez content de la manière dont j'y parle de vous : cependant voyez, mon cher monsieur, si vous désirez encore quelque chose de plus. M. Gueneau de Montbeillard a vu cet avertissement, et c'est par cette raison qu'il ne faudrait y rien changer; cependant dites-moi naturellement si vous êtes aussi content que je le désire.

Vous trouverez aussi dans ce paquet votre article du paille-en-queue, avec assez peu de corrections; c'est un de ceux que vous avez le mieux écrits, et je m'aperçois de plus en plus que chaque jour vous vous perfectionnez, et que la belle imagination ne vous abandonne guère. J'ai fait part à M. Panckoucke de l'ennui que me donne ce malheureux volume des quadrupèdes, qu'il faut refondre en entier; quatre mois de mon séjour ici me suffiront à peine pour cette sotte besogne, et, après cette perte de temps, l'ouvrage ne vaudra encore rien, car ce ne seront que des compilations, des copies de choses déjà données, et qui auraient été toutes neuves si je les eusse publiées il y a quatre ans. Je suis convenu avec M. Panckoucke qu'on imprimerait ce volume d'abord après mon retour à Paris; nous avons compté qu'il y entrerait soixante-dix planches; et comme M. Desève nous lanternerait pendant peut-être plus d'un an pour les faire graver, je suis convenu avec M. Panckoucke d'envoyer à M. Plassan vingt-huit dessins qu'il donnera à M. Benard pour les faire graver à l'insu de M. Desève, auquel je vous prie de n'en rien dire : c'est le seul moyen de pouvoir publier promptement ce volume, qui n'aura guère que trois cent soixante pages de discours; et j'enverrai en effet incessamment ces vingt-huit dessins à M. Plassan.

Quand vous irez à l'imprimerie royale, demandez, je vous prie, mon cher abbé, 1° les bonnes feuilles du septième volume qui me manquent depuis la page 424.

2° Dites à M. Mandonnet d'envoyer à M. Gueneau de Montbeillard les épreuves de la table des matières du sixième volume, comme il lui envoyait précédemment les épreuves des articles de sa composition.

3° De m'envoyer à moi-même les épreuves de la table du septième volume et celles de l'avertissement et de la table des chapitres; il faudrait être entièrement quitte de ce septième volume avant de commencer le huitième. Ne négligez pas, je vous supplie, de voir M. Desève pour que les gravures de ce septième volume ne nous retardent pas trop longtemps, et vous me ferez plaisir de me mander où nous en sommes à cet égard.

Lucas m'a envoyé votre récépissé; ainsi cette petite affaire est en règle. Je vous embrasse, mon très

cher monsieur, et je voudrais bien vous embrasser ici.
Voilà aussi une lettre qu'on m'a adressée pour vous.

Montbar, ce 20 janvier 1780.

P. S. Voilà une lettre de M. Baillon, que je vous prie, mon cher monsieur, de lire avec M. Daubenton le jeune, et de lui faire de concert une très honnête réponse.

LETTRE XIVe.

Fort bien et de mieux en mieux, mon très cher abbé; car vous ne trouverez guère plus, ou peut être moins de changements et de corrections dans ces deux articles que je vous renvoie, que dans celui de l'anhinga. J'ai cru devoir supprimer le nom de coupeur-d'eau, qui n'est pas bien connu, et qui d'ailleurs a été donné par Cook à un oiseau qu'il dit être un pétrel; j'ai cru de même devoir rejeter celui de stercoraire, autant par sa mauvaise odeur que par sa mauvaise application, et je crois que vous serez content des corrections que j'ai faites sur le bec-en-ciseaux. Toutes les fois que l'on traite un sujet dans un point de vue général, il faut tâcher d'être court et précis; cet article et celui de l'anhinga figureront très bien parmi ces tristes oiseaux d'eau dont on ne sait que dire, et dont la multitude est accablante. Je suis surpris de ne point recevoir de nouvelles épreuves de l'imprimerie royale; on vient de m'envoyer les bonnes feuilles jusqu'à la lettre Y, mais il y a douze ou quinze jours que je n'ai vu d'épreuves, et à ce train le volume ne sera pas imprimé avant mon retour à Paris, car je compte toujours aller vous revoir sur la fin de septembre; et je trouve déjà que mon temps s'avance, surtout relativement à mon ouvrage des minéraux, quoique j'en perde le moins qu'il est possible : mais l'histoire des métaux est une affaire encore plus difficile, et peut-être aussi longue que celle des autres matières toutes prises ensemble, et j'entrevois que ce volume me donnera encore plus de peine et de travail que le premier; cependant je ne me décourage pas, et j'espère en venir à bout avec le temps.

Je n'ai point pris de parti au sujet du schorl, et quoique tous les granits de Danemark, de Suède et des autres provinces du Nord en contiennent, et qu'en même temps ils ne contiennent point de mica, il se peut que ces granits soient mal nommés, ou qu'ils fassent un ordre de pierres différent de celui des vrais granits; mais ce sont de ces choses sur lesquelles il serait difficile de s'entendre par lettres, et que nous examinerons ensemble lorsque j'aurai le plaisir de vous revoir. Vous ne pouvez m'en faire un plus grand que de voir souvent mon fils; je voudrais bien qu'il profitât de vos leçons et de vos sages conseils; je lui ai demandé ces jours-ci quelques feuilles de son ouvrage, et je vous serais obligé de l'exhorter à ne pas abandonner ses études : il ne sent pas le grand tort qu'il se fait par la perte de son temps. Vous avez bien employé le vôtre, mon très cher ami, et vous en recueillez aujourd'hui le fruit. Mille compliments très humbles et tendres amitiés à vos dames.

Montbar, ce 9 juillet 1780.

LETTRE XVe.

J'ai reçu avec grand plaisir votre lettre, mon très cher abbé, et je vous ferai mon compliment quand vous serez tout à fait quitte de cette nomenclature, et même de ces descriptions d'oiseaux qui sont bien ennuyeuses. Je vous ai renvoyé les cahiers de concordance des tomes VI et VII; mais Trécourt n'a pas encore eu le temps de transcrire celle du tome VIII : le tout ensemble, même y compris le tome IX, ne fera guère que deux cent cinquante pages d'impression à deux colonnes; ainsi nous avons de la marge pour placer les articles du cygne et des autres oiseaux d'eau qui doivent terminer l'ouvrage, et il faut tâcher de nous en débarrasser le plus tôt qu'il vous sera possible, car il ne reste guère que cent pages à imprimer dans le second volume du supplément aux quadrupèdes, et il est nécessaire, pour que l'imprimerie ne cesse pas de livrer de la copie du neuvième volume des oiseaux tout au plus tard dans sept semaines ou deux mois. C'est donc l'article du cygne qui presse, parce qu'il doit précéder celui de l'oie, qui est déjà fait; après quoi viendront les canards, etc., etc. Lorsque vous aurez un article de fait, je vous prie de me l'envoyer ici, car j'aurais trop peu de temps à Paris pour m'en occuper autant que je le désirerais; et d'ailleurs je ne sais plus si je pourrai arriver, comme je le comptais, vers le 20 de septembre; on a découvert une carrière sous mon logement, à laquelle on travaille pour le mettre en sûreté, et cet ouvrage sera peut-être plus long que je ne le voudrais. Il se pourrait donc que je fusse forcé de retarder mon départ jusqu'au 10 d'octobre, et le volume des quadrupèdes sera certainement achevé avant ce temps; il suffirait que j'eusse l'article du cygne pour le livrer à l'impression avec celui de l'oie, et rien n'arrêterait.

J'ai eu un rhume qui m'a fort incommodé d'abord, et qui m'a duré près d'un mois; cependant je n'en ai pas moins travaillé souvent plus de huit heures par jour, et vous verrez mes minéraux bien avancés ; j'en ai maintenant deux volumes et demi, dont je suis assez content, mais sur lesquels vous pourrez me faire quelques bonnes observations.

Soignez donc votre santé, ce n'est point le travail paisible qui l'altère ; du moins je vois par mon expérience que la tranquillité du cabinet me fait autant de bien que le mouvement du tourbillon de Paris me fait de mal.

J'ai reçu hier des nouvelles de mon fils, datées de Gottingue ; il s'est toujours bien porté, et aurait en effet dû vous écrire ; mais la jeunesse ne pense pas à tout, et la paresse empêche plus de la moitié du tout de ce qui serait convenable.

J'ai eu des nouvelles de la santé de M. et de madame de la Billarderie, par une lettre qu'elle a écrite à madame de la Rivière ; s'ils sont toujours à Paris, faites-leur de ma part les amitiés les plus tendres et les respects les plus sincères. Je vous dis la même chose pour votre aimable sœur et pour votre chère maman ; vous en prendrez aussi telle part qu'il vous plaira pour vous. Adieu, mon cher ami.

Montbar, ce 12 août 1781.

LETTRE XVIe.

Mon cher abbé ne me donne pas signe de vie ; je sais cependant très bien qu'il n'est pas mort ; mais je suis dans l'inquiétude, et je crains vraiment qu'il ne soit malade ou incommodé au point de ne pouvoir écrire : dans ce cas, je supplie ma belle Hélène de me donner de ses nouvelles ainsi que des siennes et de celles de madame sa mère, et je les prie tous trois de recevoir les assurances de mon fidèle attachement.

Montbar, ce 26 mai 1782.

LETTRE XVIIe.

Je suis enchanté d'avoir reçu de bonnes nouvelles de la santé de M. l'abbé Bexon, et je n'ai pas le temps de lui répondre aujourd'hui en détail; je lui recommande seulement la correction des deux feuilles ci-jointes, qui sont bien brouillassées.

Il me fera aussi plaisir de m'envoyer le reste de ses extraits sur les sels, auxquels je n'ai pas encore commencé de travailler; tout mon temps a été employé à donner la dernière main aux articles des métaux et minéraux métalliques.

Montbar, ce vendredi 14 juin 1782.

LETTRE XVIIIe.

Vous pouvez, monsieur et cher abbé, disposer le sixième volume des oiseaux comme vous le proposez, et je crois en effet que l'ordre ne sera guère interrompu par cette disposition.

A l'égard de la petite caisse qui vous a été remise par M. Houdon, je vous prie de la remettre au sieur Lucas, auquel j'ordonne de la serrer dans mon cabinet en attendant mon retour; car elle peut contenir des choses qu'il faut que j'examine, et, réflexion faite, je vais écrire à Lucas de me l'envoyer ici.

Mon fils n'est pas encore à Pétersbourg, et n'y sera

probablement que le 25 ou 30 de ce mois ; il a passé quelques jours à Gotha, huit jours à Berlin, et le roi de Prusse lui a fait un accueil très distingué. M. Guillebert peut vous en communiquer le détail.

J'ai commencé la lecture de l'article des pétrels, et j'en suis fort content; cependant vous y trouverez encore un assez bon nombre de corrections. Je pense qu'il faut en effet écrire pétrels, et non pas pétérels, d'autant qu'il est dit en deux endroits différents, que pétrel vient de *Peter* (Pierre), qui se prononce pêtre ; au reste, j'ai rayé l'un de ces deux endroits qui n'était que l'exacte répétition de l'autre. Panckoucke vient de m'écrire, et ne me parle ni de vous, monsieur, ni de votre ouvrage sur les quadrupèdes ; il m'apprend seulement, en gémissant, qu'il vient d'essuyer une banqueroute de 100,000 francs, et je suis vraiment fâché de n'être pas actuellement dans la possibilité de l'aider ; mais les dépenses du Jardin du Roi absorbent non seulement tous mes fonds, mais me forcent même à emprunter.

Je remercie ma chère et belle Hélène de sa bonté pour mon image, la sienne est souvent présente à mes yeux. Vous ne me dites rien de madame votre mère, cela me fait penser qu'elle est en bonne santé. Recevez tous trois les assurances de ma tendre amitié et de mon inviolable attachement.

Montbar, ce 18 juin 1782.

LETTRE XIXe.

C'est avec joie, mon très cher abbé, que nous apprenons votre nouvelle dignité; j'aime cette bonne et si belle princesse, et j'ai regret de n'avoir pas eu occasion de lui faire ma cour. Vous ferez très bien de l'accompagner dans son voyage et de venir vous rabattre à Montbar, après avoir fait un tour dans vos grandes montagnes. Ce projet me fait grand plaisir, et nous en causerons plus d'une fois quand je serai de retour à Paris.

Je n'ai pu, depuis mon arrivée, m'occuper d'autre chose que de mes affaires économiques; j'ai seulement corrigé le texte des épreuves que j'ai l'honneur de vous envoyer ci-jointes; je n'ai pas lu les notes que je renvoie à vos bons soins. Vous trouverez dans ce même paquet le reste de la copie de mon travail sur les pierres. Vous me ferez plaisir de faire un paquet des quatre cahiers de la copie du fer, et de le remettre à M. Lucas pour qu'il ait l'attention de le faire contre-signer lui-même et sans passer par les mains d'un autre commissionnaire. Je verrai avec satisfaction les observations que vous avez jugées nécessaires. Je n'ai encore reçu aucune épreuve des matières volcaniques; il m'est seulement arrivé l'épreuve de la dernière feuille de la table des matières du premier volume des minéraux, et j'ai eu l'honneur de vous la renvoyer il a y huit ou dix jours.

Faites agréer à vos dames mes très humbles compliments et ceux du chevalier de Buffon; il a pris, comme moi, la plus grande part à la distinction flatteuse qui ne peut en effet manquer de vous faire beaucoup d'honneur en Lorraine et partout. Continuez à nous donner de vos nouvelles, et ne doutez pas de mon tendre et très sincère attachement.

Montbar, ce 4 décembre 1782.

LETTRE XXe.

Je reçois les quatre cahiers du fer, et je remercie mon très cher abbé des courtes remarques qu'il a cru devoir y joindre et que je n'ai pas encore eu le temps d'examiner, mais que je crois bonnes comme tout ce qui vient de lui. Je joins ici une lettre d'avis pour les cristaux qu'on voudrait vendre ; le cabinet n'est pas trop en état d'acheter ; néanmoins, si c'était chose unique ou très rare, je pourrais m'y déterminer. Faites-moi donc le plaisir, mon cher monsieur, d'aller à votre loisir voir ces morceaux, et de me dire ce que vous en pensez, ainsi que le prix qu'on en demanderait. Mes tendres amitiés et respects à vos dames.

Montbar, ce 16 décembre 1782.

LETTRE XXIe.

Mon fils vient d'arriver, et j'ai cru vous faire plaisir, mon très cher abbé, de vous en faire part. L'impératrice et le grand-duc l'ont très bien traité, et nous aurons de beaux minéraux, dont on achève actuellement la collection.

J'ai reçu votre lettre du 16, et je vous en remercie, mon très cher monsieur, ainsi que le chevalier de Buffon, qui m'a paru très sensible aux marques de votre amitié.

Ce ne sont pas de grandes lettres que je vous demande par mes billets instants ; je ne voudrais que de petits mots, mais plus fréquents et uniquement sur les objets courants. Par exemple, j'ignore si vous et votre ami avez trouvé bonne la petite addition que j'ai mise à la première page de l'article du soufre. J'ignore où en est l'impression du neuvième volume des oiseaux in-4°, et du septième volume in-folio. J'ignore si l'on doit mettre bientôt en vente le premier volume des minéraux.

Je ne sais pourquoi on ne m'envoie ni bonnes feuilles, ni bonnes épreuves du second volume, que l'on imprime actuellement; voilà ce que j'appelle les affaires courantes. Je ne suis pas inquiet du travail à venir, et je suis persuadé que vos recherches sur les belles pierres les rendront encore plus brillantes; mais vous saurez que je ne m'en suis point du tout occupé; j'ai fait tout autre chose; c'est un article sur l'aimant, qui est encore imparfait, quoiqu'il m'ait pris beaucoup de temps; et d'ailleurs j'avoue que l'inquiétude sur le retour de mon fils m'avait ôté le sommeil et la force de penser. Il me charge de ses compliments pour vous et pour vos dames, et je ne crois pas que nous tardions beaucoup à nous rendre à Paris. Je serai enchanté de vous revoir et de vous embrasser, mon très cher monsieur.

Montbar, ce 24 février 1783.

LETTRE XXIIe.

J'ai l'honneur de renvoyer à mon très cher coopérateur les deux épreuves ci-jointes, en le priant de lire les notes que je n'ai pas relues.

J'ai reçu aujourd'hui sa lettre, qui m'a fait un extrême plaisir; j'en ai fait part à mon fils, qui m'a chargé de ses compliments pour vous, et de ses hommages pour vos dames; il compte partir lundi pour Paris, et je le suivrai quelques jours après; il a couru d'assez grands hasards dans son dernier voyage, et mes inquiétudes étaient assez fondées.

J'ai reçu les bonnes épreuves des minéraux jusque et compris la page cent quatre-vingt-quatre.

Depuis l'arrivée de mon fils, ma maison ne désemplit pas de monde, et je n'ai que ce moment pour vous assurer de toute mon amitié et de la sienne.

Montbar, ce 5 mars 1783.

LETTRE XXIIIe.

C'est avec toute sensibilité, mon cher ami, que j'ai reçu les tendres sentiments que vous avez partagés avec mon fils dans le moment de votre plus grande inquiétude sur l'état de ma santé; il est maintenant pleinement informé du cours et des circonstances de mon indisposition, qui, quoique accidentelle, m'a fait souffrir de grandes douleurs; elles sont heureusement passées depuis plus de dix jours, et je vais sensiblement de mieux en mieux. Je rends encore quelques graviers, mais sans douleur, et comme j'ai foi en ce que vous me dites des eaux de votre Lorraine, j'ai écrit à M. Lucas d'en prendre deux bouteilles au magasin des eaux minérales à Paris, et de me les envoyer par la diligence, pour que je puisse les goûter et savoir si je pourrai en supporter le goût; après quoi je pourrai bien faire usage de la lettre que vous avez eu la bonté de m'envoyer pour en faire venir directement. Je vous remercie, mon cher abbé, de cette attention obligeante, et je vous prie de remercier madame votre mère et mademoiselle votre sœur de tout l'intérêt qu'elles ont bien voulu prendre à ma situation.

Vous voudrez bien aussi faire mention de moi au bon marquis et à cette belle dame dont les yeux suffiraient pour charmer les plus grandes douleurs.

Comme cet accident m'a déjà fait perdre trois semaines, et qu'il s'en passera bien encore autant avant que je n'aie repris toutes mes forces et que je ne puisse m'occuper de choses profondes, je prends le parti de remettre l'impression de l'article de l'aimant à la fin du troisième volume des minéraux, et je vous envoie ci-joint l'article de l'or, en deux cahiers de cent sept pages, par lequel je terminerai le second volume; plusieurs raisons me déterminent à ce changement.

1° Je veux donner à l'article de l'aimant toute la perfection dont je le crois susceptible, et cela demande du temps.

2° Cet article de l'aimant avec les tables contiendra plus de deux cents pages. Les seules observations tirées du dernier voyage de Cook, et que M. Banks m'a envoyées, sont en si grand nombre et d'une si grande importance, qu'on ne peut en négliger aucune; et je vois d'ailleurs qu'il sera nécessaire d'en reprendre encore beaucoup de celles que j'avais négligées dans les autres voyageurs récents; ainsi toutes ces tables, avec cent vingt pages de texte, pourront peut-être faire deux cent soixante pages au lieu de deux cents, et il me faut un temps considérable pour arranger ces tables que j'ai même dessein de faire représenter sur un globe ou sur deux hémisphères, etc. Je vous prie donc de porter vous-même à l'imprimerie royale ces deux cahiers de l'or, et de faire reprendre le travail pour achever le second volume des minéraux. Je vais travailler à faire la table des matières de ce second volume, dont je n'ai les bonnes feuilles que jusque et compris la feuille LI, page deux cent soixante-douze; encore me manque-t-il les trois bonnes feuilles L, M, N, c'est-à-dire depuis la page quatre-vingt jusque et compris la page cent quatre, qui ne m'ont pas été fournies, et qu'il faut demander à M. Werkaven pour me les envoyer le plus tôt que vous pourrez, ainsi que la suite des bonnes feuilles à commencer par la feuille M *m*, et je ferai la table des matières à mesure que je les recevrai.

Je n'ai aussi sur les oiseaux que les bonnes feuilles jusque et compris C *cc*, page trois cent quatre-vingt-douze, et des concordances jusque et compris la feuille P, page cent vingt; il faut encore que vous ayez la bonté de me faire compléter les bonnes feuilles de ce neuvième volume des oiseaux; mais cela n'est pas aussi pressé que celles du second volume des minéraux, parce que vous avez bien voulu vous charger de faire la table des matières de ce dernier volume des oiseaux.

Adieu, mon cher ami; écrivez-moi aussi souvent que vous le pourrez, et soyez bien assuré du plaisir que j'aurai toujours à recevoir les témoignages de votre tendre amitié.

Montbar, ce 23 juin.

LETTRE XXIVe.

Je vous serai obligé, mon cher ami, de recommander ces feuilles de manière que les notes correspondent au texte, et de lire ces mêmes notes avec soin. Comme je n'ai pas encore les forces nécessaires pour faire de bonne besogne, je ne me suis occupé qu'à faire la table des matières; et comme je n'ai pas les bonnes feuilles que je demande par la note ci-jointe, je vous serai obligé de les demander et de me les envoyer promptement.

Je crois que la grande chaleur que nous éprouvons depuis plusieurs jours retarde mon rétablissement; il ne m'est pas possible de dormir tranquillement, quoique très légèrement couvert d'un seul drap. Je crois que vous aurez été obligé d'abandonner votre petite tour, et j'aurai quelque inquiétude sur votre santé jusqu'à ce que vous m'en ayez donné des nouvelles plus fraîches; car j'ai vu par votre lettre du 30 juin que vous étiez dans un état de souffrance. Je suis aussi inquiet pour madame votre mère, car cette grande chaleur est très contraire aux personnes qui ont les nerfs délicats.

Nous avons eu du brouillard, mais beaucoup moins épais que vous ne le dépeignez; nous avons eu aussi un petit tremblement de terre le 6 juillet à neuf heures trois quarts du matin; il n'y a eu qu'une seule petite secousse; j'étais dans mon fauteuil, et le mouvement s'est fait comme si on l'eût soulevé d'un demi-pouce avec le plancher; cette légère commotion s'est aussi fait sentir à Dijon, à Beaune, à Châlons-sur-Saône, et peut-être plus loin du côté du Midi; mais je ne crois pas qu'elle se soit étendue du côté du Nord, c'est-à-dire de Montbar à Paris, du moins nous n'en avons point de nouvelles. A cette occasion, M. de Montbeillard, qui est galant même avec ses amis, m'a envoyé le petit papier que vous trouverez ici en original, parce que je serais bien aise que vous le donniez à madame Necker, lorsque vous aurez occasion de la voir. M. Werkaven avait raison de vous assurer qu'il m'avait expédié la suite des bonnes épreuves. Trécourt vient de les retrouver, et nous avons jusque et compris la feuille A *a a*; vous enverrez la suite quand il y en aura un certain nombre de plus.

Je ne compte pas vous renvoyer les cahiers sur l'aimant, car j'espère travailler sur cette matière dès que j'aurai repris mes forces; ainsi vous me ferez plaisir, mon cher ami, de m'envoyer vous-même ce que vous aurez fait sur le magnétisme animal, ainsi que votre travail pour le mercure au sujet du premier volume de mes minéraux; je serais bien aise de le lire avant que vous le livriez à M. Panckoucke. Adieu, mon cher ami, mille tendresses à vos dames; je vous embrasse tous bien sincèrement et de tout mon cœur.

P. S. — Je ne sais comment je ferai pour témoigner ma reconnaissance à MM. Gentit pour les richesses dont ils m'accablent; aidez-moi, mon cher ami, à les remercier : si je savais qu'un exemplaire de la nouvelle édition in-4° fût un présent agréable pour eux, je me ferais un plaisir de le leur offrir; mais, en attendant, assurez-les de toute ma reconnaissance.

Montbar, ce 14 juillet 1783.

LETTRE XXVe.

Je conçois, mon cher monsieur, toute l'étendue de votre douleur; je ne connais personne qui aime autant ses parents, et je vois, par l'extrême tendresse que vous avez pour votre digne mère, combien la perte d'un bon père doit vous être sensible. Votre lettre m'a touché jusqu'aux larmes, et je voudrais bien pouvoir vous donner quelque consolation. La distraction vous serait peut-être nécessaire, et vous pourriez, mon cher ami, lorsque les oiseaux seront finis, venir passer quelque temps auprès de moi. Je crois que mon fils pourra bien obtenir un congé pour y venir dans le mois prochain, et il serait peut-être possible de vous arranger avec lui pour faire le voyage, en le prévenant que vous payeriez votre portion pour la poste, car il est toujours ruiné. Je ne suis pas encore entièrement quitte des impressions d'une colique d'estomac qui m'a fort incommodé, et dont j'attribue la cause aux inquiétudes que m'a données la maladie de mon fils. Il ne faut pas le laisser partir avant qu'il ne soit parfaitement rétabli; il compte d'avance que ce sera pour le premier de septembre; mais tous mes amis me feront plaisir de l'engager à retarder de huit ou quinze jours.

En remettant à l'imprimerie cette feuille, qui n'est venue qu'au bout de quinze jours, je vous prie de dire à Werkaven que je suis très peu content de ce qu'il va si lentement sur ce second volume des minéraux, qu'il faut tâcher de finir dans le courant d'octobre, et cela serait possible s'il voulait seulement donner deux ou trois feuilles par semaine.

J'ai fait votre commission auprès de madame Daubenton, qui vous fait ses compliments; elle n'a pas encore reçu réponse de madame Necker.

Au reste, mon cher ami, je n'insiste pas sur ce que vous veniez à Montbar, parce que je sens que dans ces premiers temps votre respectable maman et votre aimable sœur ont besoin de se consoler avec vous; faites-leur mes plus tendres amitiés, et soyez sûr de la part sensible que je prends à votre commune affliction [1].

Montbar, ce 17 août 1783.

[1] Ces *Lettres* à l'abbé Bexon sont tirées du *Conservateur ou Recueil de morceaux inédits*, etc., par François (de Neufchâteau), tome I, pages 101 et suivantes.

LETTRES DIVERSES.

LETTRE Ire [1].

A M. LE PRÉSIDENT BOUHIER, A DIJON.

Je viens, monsieur, d'apprendre avec une grande joie le mariage de mademoiselle votre fille. Je vous suis trop attaché et à tout ce qui vous touche, monsieur, pour ne pas prendre une très grande part à cette heureuse nouvelle. Permettez-moi donc de vous en faire mon compliment, et de vous offrir en même temps mes sentiments et mes vœux. J'ai reçu la lettre dont vous m'avez honoré, monsieur, et M. l'abbé Le Blanc m'a lu celle où vous avez la bonté de vous souvenir de moi. Je lirai votre nouvel ouvrage, monsieur, avec cette ardeur que je me sens pour toutes les excellentes choses; mais j'ai bien peur que cette matière ne soit bien éloignée de toutes celles que je pourrais lire avec quelque connaissance. J'admire, je vous l'avoue, votre fécondité, et, sans compliments, je ne puis m'étonner assez du grand nombre de bonnes choses que vous nous donnez, quoique je sache à merveille que vous nous en cachez en-

[1] Ces deux lettres au président *Bouhier* sont tirées, ainsi que les trois lettres à M. de *Vaines*, des *Manuscrits* de la Bibliothèque Royale.

core davantage. Il paraît une nouvelle épître de Voltaire sur la philosophie de Newton, dédiée à madame Du Châtelet. C'est assurément un très beau morceau de poésie, mais qui déplaît en quelques endroits par des traits outrés contre Rousseau.

Permettez-moi, monsieur, d'assurer madame Bouhier et mademoiselle votre fille de mes respects très humbles. J'ai l'honneur d'être avec un dévouement entier, monsieur, votre très humble et très obéissant serviteur.

A Paris, le 23 décembre 1736, rue des Grands-Augustins.

LETTRE IIe.

AU MÊME.

A toutes les bontés dont vous m'honorez, monsieur, à la part que vous daignez prendre à ce qui me regarde, je ne puis répondre que par des sentiments de la plus vive et de la plus sincère reconnaissance. On m'a fait ici mille fois plus d'honneur que je ne mérite; on a hâté la vacance de la place que je remplis à l'Académie; on m'a préféré à des concurrents distingués. Tous ces avantages, dont je me sens si peu digne, n'auraient peut-être pas trouvé grâce à des yeux aussi éclairés que les vôtres; ainsi je tâchais de les supprimer, au hasard d'être grondé, comme vous l'avez fait. Permettez-moi de vous remercier, monsieur, de ces bons sentiments, et de vous supplier de me les conserver.

Je vous rends grâces de la quittance que vous avez eu la bonté de m'envoyer. Vous trouverez, monsieur, ci-jointe la reconnaissance de M. Bailly, pour toucher ce qui reste de l'année de gages. Je comptais vous envoyer en même temps l'argent que je dois recevoir au premier jour des gages de secrétaire, et que l'on m'a promis de me faire toucher ici ; mais on me remet de jour en jour. Le prix du loyer de ma maison a été employé, ce premier semestre, à payer quelques dettes que j'avais à Dijon ; mais, dans la suite, nous nous arrangerons à cet égard. Ce qu'il y a, c'est que je reçois mon loyer à deux termes, et que par conséquent je ne pourrais m'empêcher de vous supplier d'attendre une partie de votre rente pendant six mois, au cas que je chargeasse M. le procureur général de votre payement. Le libraire s'était trompé d'abord en ne me demandant que vingt-cinq francs pour les trois derniers volumes de l'*Histoire généalogique* : ils en coûtent trente-trois. Je vous envoie ci-jointe la quittance du libraire ; on les a remis depuis longtemps chez le sieur Martin. J'ai déjà fait partir la note des trois livres d'Angleterre que vous souhaitez, monsieur; car on attend toujours trop longtemps les livres de ce pays-là. Si nous n'avons pas guerre avec ses compatriotes, milord duc de Kingston restera à Paris au moins un an. Je vous enverrais dès demain les mémoires de Pétersbourg; mais comme j'étudie quelques questions qu'ils contiennent, auriez-vous la bonté de les attendre jusqu'au printemps ? Comme nous ne convenons pas des faits, M. Bourguet et moi, je pense qu'il est inutile de lui répliquer; mais je suis étonné qu'il assure les animalcules dans la semence des femelles, et d'autres choses de cette espèce qui sont toutes reconnues différentes de ce qu'il avance, par des expériences réitérées. Il paraît depuis quinze jours un petit écrit en forme de gazette, ou plutôt de feuilles de *Spectateur*, intitulé : *le Cabinet du Philosophe*. On n'a pas goûté cet ouvrage.

M. Marivaux a donné aussi une brochure qui fait le second tome de la *Vie de Marianne*. Les petits esprits et les précieux admireront les réflexions et le style. La pièce de Voltaire ne peut se soutenir et ne se soutient pas, avec tous les raccommodages qu'il y a faits. Enfin, pour finir, j'aurai l'honneur de vous dire que je vais, au premier jour, faire imprimer une traduction, avec des notes, d'un ouvrage anglais de physique qui a paru nouvellement, et dont les découvertes m'ont tellement frappé et sont si fort au-dessus de ce que l'on voit en ce genre, que je n'ai pu me refuser le plaisir de les donner en notre langue au public; c'est un in-4° d'environ 300 pages.

Adieu, monsieur. Honorez-moi toujours de vos bontés, et croyez-moi avec l'attachement le plus respectueux, monsieur, votre très humble et très obéissant serviteur.

BUFFON.

Paris, le 8 février 1739.

LETTRE IIIe [1].

A M. L'ABBÉ LE BLANC.

Je vous écris directement, mon cher ami, parce qu'il y a huit jours que je suis à Montbar, et que je n'ai pas cru qu'il convînt d'envoyer ma lettre par la poste à M. Perrier. Je vous suis très sensiblement obligé des services que vous m'avez rendus au sujet de mon livre. J'ai pris

1 Tirée de la précieuse collection de M. Feuillet de Conches. Je dois cette lettre à l'obligeante intervention de M. Champollion-Figeac.

la liberté d'en écrire à M. le duc de Nivernais, qui m'a répondu de la manière du monde la plus polie et la plus obligeante. J'espère donc qu'il ne sera pas question de le mettre à l'index, et, en vérité, j'ai tout fait pour ne le pas mériter et pour éviter les tracasseries théologiques que je crains beaucoup plus que les critiques des physiciens ou des géomètres. La troisième édition de cet ouvrage vient de paraître et se débite avec autant de rapidité que la première et la seconde.

Je partage avec vous la satisfaction que vous avez eue de voir vos ouvrages goûtés par tout ce que nous avons de plus respectable dans l'Église, et je suis charmé que vous les ayez présentés à Sa Sainteté, et que vous ayez eu son approbation. J'ai fait voir cet article de votre lettre à quelques personnes, et j'imagine qu'à votre retour vous obtiendrez le privilége que vous demandez, et qu'il est en effet très injuste de vous refuser. Le père Jacquier est un homme d'un grand mérite, et je suis charmé que vous soyez de ses amis. Je vous serai bien obligé si vous voulez bien l'assurer de ma part que personne ne peut l'estimer et l'honorer plus que je le fais. Dans la dispute que j'eus il y a plus de deux ans avec Clairaut, au sujet du mouvement de l'apogée de la lune, je défendis Newton et ses commentateurs; mais Clairaut s'étant depuis rétracté et ayant supprimé les parties de son mémoire qui attaquaient directement les commentateurs, j'ai été obligé de supprimer aussi ce que j'avais écrit pour maintenir cette théorie, et il n'y a d'imprimé dans le volume de 1745 que ce qui regarde en général la loi de l'attraction. Je vous écris ceci pour que le révérend père Jacquier voie que je désire beaucoup une part dans son amitié.

J'écrirai au premier jour à Maupertuis, et je tâcherai de lui proposer d'une manière efficace les choses que vous souhaitez. Au reste, je ne vous réponds de rien. Maupertuis est en effet un honnête homme; mais il se grippe quelquefois, et je ne sais s'il n'est pas toujours piqué. Quoi qu'il en soit, je lui écrirai, et lui écrirai pressamment, surtout pour que vous soyez de l'Académie.

Je retourne à Paris dans trois semaines. Je suis venu passer ici le temps du voyage de Compiègne. On vous aura peut-être écrit que Voltaire fait jouer chez lui toutes les pièces que les comédiens ont refusées. J'entends faire à quelques-uns des éloges de sa *Rome sauvée;* l'abbé Sallier, qui l'a vu représenter, m'en a dit du bien. Vous avez bien fait de lui écrire; il m'a demandé souvent de vos nouvelles. Madame Dupré m'a aussi chargé de vous dire bien des choses de sa part. J'ai souvent parlé de vous chez elle et chez M. Trudaine, et il ne m'a pas paru qu'ils aient, comme vous vous le persuadiez, changé de manière de penser sur votre sujet. Oubliez, mon cher ami, les chagrins que vous avez eus; les autres ont déjà oublié les calomnies qui les ont occasionnés. Soyez donc tranquille, portez-vous bien, et continuez à me donner souvent de vos nouvelles. Personne ne vous est plus essentiellement attaché que je le suis.

BUFFON.

A Montbar, le 23 juin 1750.

LETTRE IVe.

A M. DE VAINES.

La lettre, monsieur, que vous avez eu la bonté d'écrire a mis en mouvement MM. des eaux et forêts, qui, sans cela, seraient demeurés dans l'inaction. Je crois donc qu'en conséquence M. de Marisy, grand-maître, ne tardera pas beaucoup à donner son avis, et je ne m'attends point du tout qu'il me soit favorable. Tous ces MM. des eaux et forêts ont le même langage; ils disent que c'est dépouiller leur juridiction, et qu'ils ne peuvent manquer de s'opposer à ma demande. Je m'y attends donc; mais avec cela j'attends tout des bontés de M. le contrôleur général et de la bonne volonté que vous m'avez témoignée. J'en ai déjà une profonde reconnaissance, et j'ai demandé à notre ami M. d'Angiviller la liberté de vous faire un hommage, en vous envoyant mes ouvrages. Daignez les agréer comme une marque de la haute estime et du respectueux attachement avec lequel j'ai l'honneur d'être, monsieur, votre très humble et très obéissant serviteur,

BUFFON.

Au Jardin du Roi, ce 19 janvier 1775.

LETTRE V^e^.

AU MÊME.

Rien n'est plus flatteur pour moi, monsieur, que l'accueil que vous aviez fait d'avance à mon ouvrage, et la bonté que vous avez de ne pas regarder mon hommage comme un double emploi me touche sensiblement. Je mettrais volontiers dans mes titres l'application du beau passage de Cicéron que vous citez, si je ne craignais de me trop enorgueillir, et je ne l'adopte que comme une preuve de votre indulgence et une marque de votre estime. Je ferai tout ce qui dépendra de moi pour vous marquer ma reconnaissance et pour mériter quelque part à votre amitié. C'est dans ces sentiments, et avec le plus respectueux attachement, que je suis et veux être, monsieur, votre très humble et très obéissant serviteur,

BUFFON.

Au Jardin du Roi, ce 23 janvier 1775.

LETTRE VIe.

AU MÊME.

Qu'on serait heureux, monsieur, quand on a le petit malheur d'être auteur, si l'on ne donnait ses livres qu'à des gens qui savent en juger, je ne dis pas comme vous, monsieur, dont le discernement est excellent, mais comme je voudrais au moins être jugé, avec justice et bonne foi; et cependant rien n'est si rare; je ne vois que des éloges outrés ou des critiques injustes, et quoique votre lettre soit trop flatteuse, comme vous tirez du fond des choses tout ce qu'elle contient d'éloges, je vous en fais mes très sincères remercîments, en attendant que j'aie l'honneur de vous voir cet automne, et de vous donner le cinquième volume de supplément que vous trouverez peut-être plus intéressant que le quatrième.

J'ai l'honneur d'être avec un respectueux attachement, monsieur, votre très humble et très obéissant serviteur,

BUFFON.

Montbar, ce 16 septembre 1778.

LETTRE VII[e 1].

A MADAME LA COMTESSE DE GENLIS.

Je ne suis plus amant de la nature; je la quitte pour vous, madame, qui faites plus et qui méritez mieux. Elle ne sait que former des corps, et vous créez des âmes. Que la mienne n'est-elle de cette heureuse création ! J'aurais ce qui me manque pour plaire, et vous jouiriez avec plaisir de mon infidélité. Pardonnez-moi, madame, ce moment de délire et d'amour. Je vais maintenant parler raison.

Votre charmant *Théâtre* m'a fait autant de plaisir que si j'étais encore dans l'âge auquel vous l'avez consacré. Vieux et jeunes, grands et petits, tous doivent étudier ces tableaux si touchants où les vertus données par l'éducation triomphent des vices et des ridicules. Chaque trait porte l'empreinte de votre âme céleste. Vous l'avez peinte en chaque scène, sous un emblème différent et sous la morale la plus pure. Une connaissance parfaite du monde, toutes les grâces de l'esprit et du style ont conduit aussi vos pinceaux; et, quoique vous n'ayez pas parlé de Dieu, je crois néanmoins aux anges. Vous êtes un de ceux qu'il a le mieux doués. Recevez, en cette qualité, toutes mes adorations; nul mortel ne peut vous en offrir de plus sincères.

1 Tirée de la *Correspondance* de Grimm, tome X, page 279 (édition de 1830).

LETTRE VIIIe [1].

A L'IMPÉRATRICE DE RUSSIE.

De Paris, le 15 décembre 1781.

Madame,

J'ai reçu, par M. le baron de Grimm, les superbes fourrures et la très riche collection de médailles et grands médaillons que Votre Majesté Impériale a eu la bonté de m'envoyer. Mon premier mouvement, après le saisissement de la surprise et de l'admiration, a été de porter mes lèvres sur la belle et noble image de la plus grande personne de l'univers, en lui offrant les très respectueux sentiments de mon cœur.

Ensuite, considérant la magnificence de ce don, j'ai pensé que c'était un présent de souverain à souverain, et que, si ce pouvait être de génie à génie, j'étais encore bien au dessous de cette tête céleste, digne de régir le monde entier, et dont toutes les nations admirent et respectent également l'esprit sublime et le grand caractère. Sa Majesté Impériale est donc si fort élevée au dessus de tout éloge, que je ne puis ajouter que mes vœux à sa gloire.

Cet ouvrage en chaînons, trouvé sur les bords de l'Irtisch, est une nouvelle preuve de l'ancienneté des arts dans son empire; le Nord, selon mes *Epoques*, est aussi le berceau de tout ce que la nature, dans sa première

[1] Tirée de la *Correspondance* de Grimm, tome XI, page 70.

force, a produit de plus grand, et mes vœux seraient de voir cette belle nature et les arts descendre une seconde fois du Nord au Midi sous l'étendard de son puissant génie. En attendant ce moment, qui mettra de nouveaux trophées sur ses couronnes, et qui ferait la réhabilitation de cette partie *croupissante* de l'Europe, je vais conserver ma trop vieille santé sous les zibelines et les hermines, qui dès lors resteront seules en Sibérie, et que nous aurions de la peine à habituer en Grèce et en Turquie.

Le buste auquel M. Houdon travaille n'exprimera jamais aux yeux de ma grande Impératrice les sentiments vifs et profonds dont je suis pénétré; soixante et quatorze ans imprimés sur ce marbre ne pourront que le refroidir encore. Je demande la permission de le faire accompagner d'une effigie vivante; mon fils unique, jeune officier aux Gardes, le porterait aux pieds de son auguste personne : il revient de Vienne et du camp de Prague, où il a été bien accueilli, et puisqu'il ne m'est pas possible d'aller moi-même faire mes remercîments à Votre Majesté Impériale, je donnerai une partie de mon cœur à mon fils, qui partage déjà toute ma reconnaissance; car je substitue ces magnifiques médailles dans ma famille comme un monument de gloire respectable à jamais. Tout Paris vient chez moi pour les admirer, et chacun s'écrie sur la noble munificence et les hautes qualités personnelles de ma bienfaitrice : ce sont autant de jouissances ajoutées à ses bienfaits réels; j'en sens vivement le prix par l'honneur qu'ils me font, et je ne finirais jamais cette lettre peut-être déjà trop longue, si je me livrais à toute l'effusion de mon âme, dont tous les sentiments seront à jamais consacrés à la première et l'unique personne du beau sexe qui ait été supérieure à tous les grands hommes.

C'est avec un très profond respect, et j'ose dire avec l'adoration la mieux fondée, que j'ai l'honneur d'être, madame, de Votre Majesté Impériale le très humble, etc.

LETTRE IXe [1].

A MONSIEUR LE COMTE DE BARRUEL.

J'ai reçu, monsieur le comte, et j'ai fait lire en bonne compagnie, quoique en province, votre *Lettre* sur le poëme des *Jardins*. Nous autres habitants de la campagne, et qui ne nous piquons pas d'être poëtes, l'avions jugé comme vous pour le fond, et nous avons admiré votre manière d'analyser la forme.

Cette critique est non seulement de très bon goût, mais d'un excellent sens ; et si vous ne savez pas encore faire des vers mieux que M. l'abbé, votre prose vaut mille fois ses vers. Ce petit écrit est plein d'esprit, le style est naturel et facile, et la plaisanterie est du meilleur ton.

Je vous en fais mon compliment, en attendant l'honneur de vous recevoir à Paris. C'est peut-être de moi que vous aurez à dire que je suis meilleur à connaître de loin que de près.

J'ai l'honneur d'être avec un respectueux attachement, etc.

[1] Tirée de la *Correspondance* de Grimm, tome XI, page 403 La *Lettre* dont parle ici Buffon est de Rivarol.

LETTRE X[e] [1].

EXTRAIT D'UNE LETTRE A M. LE COMTE D'ANGIVILLER.

A Montbar, ce 17 novembre 1773.

Ah ! que vous avez un digne et respectable ami dans M. Necker ! J'ai lu deux fois son ouvrage. Je me trouve d'accord avec lui sur tous les points que je puis entendre. Ses idées sont aussi simples que grandes, ses vues saines et très étendues ; et tous les économistes ensemble, fussent-ils protégés par tous les ministres de France, ne dérangeront pas une pierre à cet édifice, que je regarde comme un monument de génie. Je n'ai regret qu'à la forme; je n'eusse pas fait un éloge académique, qui ne demande que des fleurs, avec des matériaux d'or et d'airain. Colbert mérite une partie des éloges que lui donne M. Necker ; mais certainement il n'a pas vu si loin que lui; d'ailleurs l'auteur a ici le double désavantage d'avoir ses envieux particuliers, et en même temps tous ceux qui cherchent à borner l'Académie. En un mot, je suis fâché qu'un aussi bel ensemble d'idées n'ait pas toute la majesté de la forme qu'il peut comporter. Les notes sont admirables comme le reste ; la plupart sont autant de traits de génie, ou de finesse, ou de discernement. Le style est très mâle et m'a beaucoup plu malgré les négligences et les incorrections, et les pitoyables plaisanteries que les femmes ne manqueront pas de faire sur les jouissances trop souvent répétées.

[1] Grimm, *Correspondance inédite*, page 363.

LETTRE XIe[1].

EXTRAIT D'UNE LETTRE A M. NECKER.

Même date.

Je n'avais jamais rien compris à ce jargon d'hôpital de ces demandeurs d'aumônes que nous appelons économistes, non plus qu'à cette invincible opiniâtreté de nos ministres ou sous-ministres pour la liberté absolue du commerce de la denrée de première nécessité. J'étais bien loin d'être de leur avis, mais j'étais encore plus loin des raisons sans réplique et des démonstrations que vous donnez de n'en pas être. J'ai lu votre ouvrage deux fois, je compte le relire encore; c'est un grand spectacle d'idées et tout nouveau pour moi, etc.

LETTRE XIIe[2].

A MADAME NECKER.

(LETTRE ÉCRITE PAR BUFFON DEUX JOURS AVANT SA MORT.)

(Il l'a dictée à son fils après s'être fait lire l'introduction du livre de M. Necker sur les Opinions religieuses. Il n'a rien écrit ni rien lu depuis ce moment-là.)

Mon père me dicte, madame, ce qu'il voudrait bien être en état de vous écrire de sa main.

[1] Grimm, *Correspondance inédite*, page 364.

[2] Tirée des *Mélanges, extraits des manuscrits de madame Necker*, tome III, page 253.

« Ah ! la superbe introduction ! Ce ne sont point de vains arguments, mais des vérités constantes que l'auteur développe avec une force qui n'appartient qu'à lui. Y a-t-il, en effet, aucun ordre social dans lequel le souverain et son peuple ne doivent être de même opinion religieuse, quelle que soit cette religion ? et notre grand homme, plus attaché à la sienne, a eu toute raison de la donner pour exemple, en disant même comment il a été conduit, après le vide des affaires, à des spéculations plus élevées. Je puis lui promettre en effet trois sortes d'immortalités: la première, celle dont il ne doute pas, et qui, par un élan sublime, porte son âme dans cette immensité dont elle est propre à faire partie; la seconde immortalité sera celle que l'histoire donnera à M. Necker, comme administrateur regretté de la nation entière; et enfin la troisième immortalité de mon éloquent ami sera celle d'un écrivain qui n'a pas eu de modèle, et dont le cœur et l'âme se réunissent pour le bonheur des hommes.

« Cette partie m'a d'autant plus touché, qu'il y réunit les vertus de ma sublime amie, que je n'ai cessé de respecter et d'admirer comme un don divin, et dont elle seule avait été favorisée par le souverain Être. »

J'ai présenté la plume à mon père, et il a encore eu la force de signer.

FIN DES LETTRES DE BUFFON.

TABLE DES MATIÈRES.

FIN DE LA TABLE.

Imprimerie de GUSTAVE GRATIOT, 11, rue de la Monnaie.

ERRATA.

Page 74 — note 1, ligne 1, *esperienze*, au lieu de *experienze*.

Page 168 — note 1 ligne 7, *page* 98, au lieu de *page* 104.

Page 171 — note 1 ligne 1, *page* 92, au lieu de *page* 98.

Made in the USA
Monee, IL
04 November 2026

67391588R00203